心理学研究方法

李　烨　邵秀巧　主　编

秦潇晓　苏　琪　副主编

化学工业出版社

·北京·

内容简介

本书是关于心理学研究方法的著作，以学习的逻辑由浅入深地安排内容体系。主要内容包括：心理学研究的基本理论和思路、文献查阅的基本知识和技巧、科研课题的选择、研究设计的过程与效度、文献综述与研究报告的写作、常用心理学研究方法（调查法、实验法、个案法、观察法）的相关知识以及科研创新。每一章除了介绍基本知识外，还设计了"延伸阅读"内容，引导学生进行更深入的学习。

本书内容简要而精练，既适合综合大学、高等师范院校心理学专业、教育学专业作为教材使用，又可供广大心理学、社会科学以及各类应用科学工作者教学和科研参考。

图书在版编目（CIP）数据

心理学研究方法/李烨，邵秀巧主编. —北京：化学工业出版社，2023.8
ISBN 978-7-122-43440-1

Ⅰ.①心… Ⅱ.①李…②邵… Ⅲ.①心理学-研究方法
Ⅳ.①B841

中国国家版本馆CIP数据核字（2023）第080536号

责任编辑：王　可　　　　　　　　　装帧设计：张　辉
责任校对：王　静

出版发行：化学工业出版社（北京市东城区青年湖南街13号　邮政编码100011）
印　　装：北京科印技术咨询服务有限公司数码印刷分部
710mm×1000mm　1/16　印张12¼　字数244千字
2022年11月北京第1版第1次印刷

购书咨询：010-64518888　　　　　　售后服务：010-64518899
网　　址：http://www.cip.com.cn
凡购买本书，如有缺损质量问题，本社销售中心负责调换。

定　　价：58.00元　　　　　　　　　　　　　版权所有　违者必究

前言

　　大学的学习，不再仅仅是获得基本知识，还需要花精力学习如何从事科学研究，从而发现知识，寻找真理。科学发展史上，每一次科学的重大发现，几乎都伴有科学方法的重要发展。科学研究方法的学习和训练是非常必要的。心理学研究方法对心理学研究也具有同样的意义。科学的研究方法不仅标志着科学心理学的诞生，同样也推动和促进了科学心理学的发展。心理学研究方法兼具自然科学和社会科学研究方法的特点，同时又具有自己的独特性。对于心理学研究方法的学习，不仅有助于了解心理学研究的特点和基本过程，而且有助于提高自己发现问题、分析问题和解决问题的能力，进而提高自己的专业素养。

　　本教材基于应用型课程"心理学研究方法"，根据多年心理学研究方法课程讲授以及大学生创新创业和心理学产品研发等经验编写而成，侧重介绍心理学研究的方法和方法论及其他相关知识。本书具有以下特点。

　　（1）在内容安排上以研究逻辑为主线，遵循学生学习特点。第一章对心理学研究方法做了简略概述，将学生引入研究过程，依次介绍文献查阅、科研选题、研究设计、文献综述与研究报告写作等各个环节需要的方法知识。

　　（2）对重要概念和原理进行详细介绍。开展心理学研究、进行研究设计不仅涉及技巧问题，还要求研究者对心理学的科学研究所涉及的基本概念和原理有比较深刻的理解。为此，每一章都详细介绍了心理学研究中的一些最重要的概念和原理。

（3）注重知识的丰富与延伸。本书除了介绍基本知识外，还在每一章设计了"延伸阅读"内容，引导学生进行更深入的学习。同时，使用心理学文献作为例子，特别是增添了一些能够帮助学生有效学习研究方法的重要的经典发现和研究，希望能激发学生学习知识的热情，对那些热爱科学研究的学生尽快提升研究能力有所助益。

本书由石家庄学院李烨、邵秀巧主编，秦潇晓、苏琪担任副主编，具体编写分工为李烨编写第一章、第三章、第四章、第六章、第七章，秦潇晓编写第二章、第五章、第八章、第九章，苏琪编写第十章，邵秀巧负责本书内容设计、书稿修改和统校。书中引用了国内外同行专家的大量文献，也使用了他们的一些研究作为案例，在此一并致谢。若有不妥之处也请批评、指正。

编　者
2022年6月

目录

第一章
心理学研究
概论

为什么要学习心理学？人们对这个问题的回答可能多种多样。例如，有些人想通过心理学来了解自己和他人，如我的性格特征是怎样的；有些人想通过学习心理学来解决日常生活中的一些心理问题，如我们该如何缓解考试焦虑、如何改善我的人际关系；有些人想把心理学的知识应用到自己的工作领域中；还有一些人想揭示心理现象的奥秘。对于心理学是否是科学的问题，显而易见，不是用一个简单的答案就可以回答的。科学是以系统的实证性研究方法获得的有组织的知识。任何能够建立科学、发展科学的研究方法都可以称为科学方法。现代心理学的每一项发展，都离不开心理学的实际研究和应用。目前，心理学家对心理和行为的研究与其他领域的科学研究遵循着同样的基本原则，心理学研究方法已经成为现代心理学的重要组成部分之一，学习和掌握各种心理学研究方法，对从事心理学研究、构建科学思维至关重要。心理学作为科学如何开展研究呢？科学研究又是什么意思？本章首先对科学研究的含义和特征进行阐述，之后对心理学的研究目标和伦理原则进行详细分析。

第一节　心理学的科学研究

大部分教科书上都将冯特（W. Wundt，1832—1920）于1879年在德国莱比锡大学建立的第一个心理学实验室作为科学心理学诞生的标志，这意味着心理学从此是一门"科学"了。关于心理学是否能作为一门科学的问题，争论由来已久："科学研究"是什么？心理学是如何成为科学的？心理学作为科学，在研究方面与其他科学分支有着哪些共同的特点？

一、科学研究的含义和特征

什么是"科学"？有人认为"科学是一种系统的、有组织的、正确的知识体系"，是人类获取知识的重要方式或途径，科学研究则成了获取知识或信息的最为重要的方法。科学研究是对研究对象之间关系的命题所进行的系统的、有控制的实际研究。科学研究与常识或日常经验的主要区别在于，科学研究虽然时常从常识和权威的洞见中获益，但不局限于常识和权威看法，是通过经验观察和逻辑推理，系统地探索人类未知的世界，积累真理性知识的过程。任何能够建立科学、发展科学的研究方法都可以称为科学方法。人类的好奇心是推动科学研究的动力。科学研究必须遵循一定的行为规范。科学研究的主要特点包括以下几个方面。

（一）问题性

科学研究作为一种个体认识世界、获取信息的活动，是以问题为核心的，具有问题性特征。在日常生活中，当个体已有的科学知识与经验不足以对当前的客观现象或问题作出解释时，个体便有可能产生认知冲突，促使个体产生探索的愿望和要求，引发其进行科学研究。心理学家试图通过科学研究对有关行为、思想和感受的问题作出回答。例如，随着网络媒体的日新月异，媒体暴力的出现正在对青少年造成不良影响，为什么会造成影响，以及会造成哪些影响，已有的知识经验无法作出很好的解释。基于此，心理学展开了系列研究。例如，其中一个重要的问题是，被动观看（电视节目）与主动参与（游戏、网络）这二者间的区别，主动参与视频游戏获得暴力信息是否对个体的影响更大？安德森等人（Anderson et al.，2003）对相关研究进行总结，主要的研究结果总结如下。

（1）发现童年期频繁接触媒体暴力可与他们成年后的攻击行为联系起来，这些攻击行为包括身体攻击和家庭暴力。

（2）媒体暴力会使攻击性和暴力性思维、情感及行为在短期或长期发生的可能性增加。

（3）关于媒体暴力的影响作用，在采用不同的研究方法、不同种类的媒体间以及不同的样本间表现出一致性。

科学研究是以科学问题为起点的，针对客观世界中的物体或事件提出，心理学研究需要从理论或实际问题入手，系统地收集与分析数据资料，从而得出有意义的研究结论。

（二）决定论

所谓决定论是指，任何事件都有其原因。决定论是一种认识论，科学家通常相信世界存在某种确定的因果规律，然后以科学方法寻找规律，理解世界；否则，也就没有必要开展研究了。科学研究通常是以承认或部分地承认决定论为前提的。对心理学研究而言，决定论意味着所有人类行为背后都有其原因。例如，儿童攻击行为的背后，就有着来自儿童自身、家庭和学校环境等方面的原因。

（三）客观性

客观性是指研究结果不受研究者影响，或者说不依赖于研究者。科学研究要保证客观性，以客观的态度追求客观规律。科学研究以探求事物的客观规律为己任，对规律的探求必须采取客观的态度，对客观事实既不能歪曲，也不能主观臆测。科学研究要坚持实事求是，收集资料、分析资料要客观，不轻率地下结论。选用材料必须严格地查证核实。在研究过程中，还要运用科学的方法和程序去研究客观现实。科学研究要做到从课题的选择到材料的分析，从方法手段到研究的组织都要客观科学。

（四）系统性

系统性原则是指用整体的、系统的观点指导科学研究。科学研究必须注重事物之间的联系，要有整体系统的观点，还应当看到科学研究本身就是一种系统的研究探索活动。因而，科学研究要有明确的目的、缜密的计划、科学的方法、周密的组织、合理的程序和步骤，构成一个规范科学的探索活动系统。

（五）创新性

科学研究是对新知识的探求，是对客观规律的阐明，是新研究方法的建立。"新"是科学研究最根本的属性。科学研究是人类在不断地发现新问题、解决新问题中认识世界与改造世界的运动过程。脱离创新性，去重复研究老问题就会原地徘徊、停滞不前，但是，"新"问题总是从"老"问题中派生出来的，不认真从"老"问题中寻找新的启示，新思路是不会自发形成的。科学是人类的事业，科学研究必须放在人类的宏观背景下才有意义。科学研究必须以前人的积累为基础，承继先前的认识水平并寻求突破，在前人的基础上，提出新理论，获得新发现，创造新方法，形成新产品。

二、心理学的性质与科学研究

心理学是一门研究人类及动物的心理现象、精神功能和行为的学科，主要是研究人的行为与心理现象的发生、发展规律的学科。关于心理学是否能作为一门科学的问题，争论由来已久，虽然今天大多数心理学家已经不再怀疑心理学的科学属性，但是仍然有反对的声音。要正确看待这一问题，就要了解心理学是如何成为科学的。

德国心理学家艾宾浩斯曾说过："心理学虽然有一个长期的过去，但仅有一个短暂的历史。"他用这句话诠释了心理学的历史。19世纪初以前的一个相当长的时期里，由于经验自然科学还没有发展到能够解释自然现象及其内在联系的阶段，因此只能依靠哲学的抽象思辨方法来研究心理现象，从哲学上对心理现象进行一般性的描述和推论。这个时期所作的分析和描述还不足以称为心理学科学研究。由于生产和科学技术的发展，实验方法和定量研究方法在各个科学领域中被迅速推广，以1879年冯特在德国莱比锡建立世界上第一个心理实验室为标志，心理学发展成为一门独立的科学，心理学科学方法也得到新的发展。

19世纪末至20世纪初，心理学在发展中形成了许多学派，人们也把这个时期称为"学派时期"。各学派采用了不同的研究程序和方法。这个时期的心理学研究，集中于通过经验控制、从外部验证来确定因果关系，即研究者运用过去的经验来控制背景变量。各学派以不同的研究方法研究不同的领域，提出了各自的理论。现代科学的发展，不断为心理学研究提供新的理论、方法和手段。

20世纪40年代以来，电子计算机和控制论的发展和应用使得信息方法、控制论方法和系统方法等现代科学方法在心理学各个领域得到日益广泛的应用。从20世纪50年代开始，心理学家进行了许多尝试，设法运用信息技术解决心理学问题，信息论更多地被作为心理学研究的思路和分析工具。控制论方法已被广泛运用于心理学研究，特别是应用心理学的研究。管理心理学中的组织控制模型的核心思想是反馈控制；工程心理学中的行为控制理论运用拉普拉斯变换，把控制论方法应用于控制器和监视器的作业活动分析，使对控制器的研究从静止地研究控制器设计本身提高到研究整个控制作业的动态过程，进而从较低水平的感知运动研究向较高层次的认知研究发展。另外，系统方法在心理学中也得到了广泛应用。目前，在心理学研究中应用较多的是认知系统的分析、人—机系统的研究、组织的社会技术系统分析、人与计算机界面系统以及管理信息系统的研究。用系统观点对心理过程进行研究和系统方法的采用使得许多心理学研究从零碎地、孤立地和局部地看待和分析心理学活动，提高到系统的、整体的、多方面因素相互联系的水平，从而提高了研究的效率。电子计算机在20世纪40年代兴起和运用，为心理学和其他学科的研究和发展开辟了新的、广阔的道路。现在，计算机就像统计方法那样，在心理学研究中得到越来越普遍的运用，成为所有心理学家不可缺少的知识和技能，也成为心理学研究方法的重要组成部分。

我们不仅要了解心理学作为一门科学的基本特点，还要看到心理学是一门特殊的科学，与自然科学或其他实证科学有着不同的特点。自然科学的研究对象是客观世界，而心理学的研究对象和研究者都是人，就像"心理学之父"冯特认识到的，心理学研究的是人们的直接经验，然而这种经验必须基于人的内省报告，因此，心理学是唯一一门需要一个"经验者的主体"的科学。因此，心理学兼具自然科学和社会科学的特点，正是由于心理学研究的独特性和复杂性，使得心理学的研究在方法上有更高的要求。

三、心理学研究的特点

心理现象是脑的机能，同时也受社会文化背景的影响，因此，心理学研究既具有社会科学研究的特点，也具有自然科学研究的特征。

（一）心理学研究对象的复杂性

心理学的研究对象与其他科学领域的研究对象不同，心理学的研究对象具有高度的复杂性。心理学既研究个体的心理现象，也研究群体的心理现象。心理现象既具有生物特性，也具有社会特性。影响心理现象的因素具有多样性，心理现象作为脑的机能，既受到生理结构尤其是脑的结构和功能的影响，同时又受到个体的个性特征、社会文化背景的影响。因此，心理现象的产生是从生理的微观水平到社会文化的宏观水平的多种层次、多种水平交互影响的结果，各种心理现象也会由于产生这些心理现象的事物所处的不同层次而表现出不同性质的特点，进而表现出心理学的研究对象的复杂性。

（二）心理学研究结果的概率性

基于研究对象的复杂性，心理学研究大都在大样本的基础上通过统计推论得出结论，从而表现出研究结果的概率性，而不是绝对性。例如，观看暴力节目对儿童攻击性行为影响的研究中，得出的结论为"总的来说，儿童观看暴力节目将会导致更多的攻击性行为"。这个结论虽然描述了暴力节目导致更多的攻击性行为，但同时也表明了这种攻击性行为的表现只是一种概率性的情况。观看暴力节目可能会导致95%以上的儿童表现出攻击性行为，但是，无法肯定所有的人都会表现出这种行为。另外，也无法确定同一个个体在同样的条件下是否一定表现出攻击性行为，只能理解为在同样的条件下，表现出相同行为的可能性在95%以上。

（三）心理学研究方法的多样性

心理学是介于自然科学和社会科学之间的一门学科，具有自然科学和社会科学的研究特点。因此，心理学研究的双重性决定了研究方法的多样性，无论是自然科学研究中常用的实验法，还是社会科学研究中的问卷法、调查法等都适用于心理学的研究。此外，心理学研究所特有的研究方法（如口头报告法）以及从其他学科中借鉴的方法（如计算机模拟法）都丰富了心理学的研究方法，促进了心理学的发展。

四、心理学研究的取向

对心理学来说，由于研究对象的复杂性，在人们开始自觉地去认识心理学的时候，想要用一个完善的理论模式概括出心理现象的本质难免有局限性。心理学成为独立的学科以后，学派纷争的局面并没有持续很长的时间。大约从20世纪30年代以后，各学派逐渐把主要精力转移到对心理现象的规律的探讨上，学派之争自然就逐渐淡薄了，各派间就出现了互相吸收、互相融合的新局面，为心理学研究的发展开辟了更广阔的天地。第二次世界大战后，新的心理思潮相继产生，这些思潮不是以学派的形式出现，而是作为一种范式、一种潮流、一种发展方向去影响心理学的各个领域，从而加强了心理学研究的整合趋势。这种能影响学科发展的研究范式称为研究取向。

（一）生理心理学的研究

生理心理学是研究心理现象产生的生理过程的心理学分支，或者说生理心理学探讨的是心理活动的生理基础和脑的机制，它的研究包括大脑与行为的演化，大脑解剖与发展及其和行为的关系，认知运动控制，行为、情绪和精神障碍等心理现象和行为的衔接过程和神经基准。用生理心理学的观点和方法研究心理现象和行为，是当代心理学的一个重要的研究取向。采用这种取向的心理学家关心心理与行为的生物学基础，把生理学看成描述和解释心理功能的基本手段，认为我们所有的高级心理功能（知觉、记忆、注意、语言、思维和情绪等）都和生理功能，特别是大脑的功能有密切关系。

对心理活动的生理基础的研究由来已久，从19世纪初法国和德国的神经性心理学家、解剖学家、生理学家研究发现大脑进行定位，到20世纪初对心理活动的脑物质变化的深化研究，再到今天脑电波、脑成像技术的应用，历经100多年。近年来，各种脑成像技术广泛应用于认知神经科学的研究，对探讨视觉、听觉等基本认知过程和语言、情绪等高级心理过程的脑机制发挥了巨大的作用。特别是最近几十年，生理心理学的研究获得了巨大成就，生理心理学已经发展成为一个交叉的综合性学科，它的迅速发展已经成为、也必将继续成为心理学发展的新的动力。

（二）行为主义的研究

与生理心理学的研究不同，以华生为代表的早期行为主义的研究主要关心环境对人的行为的作用，而不关心有机体的内在的心理过程和机制。行为主义研究成果强调，人是在和环境的交互作用中形成的，正是学习和经验决定了一个人成为什么样的人。行为主义要探索的问题主要为在什么条件下某种行为能发生、不同刺激对行为可能有什么作用、行为的结果又怎样影响随后的行为等。由于行为主义极端强调外在刺激作用而忽略有机体内在机制的价值，20世纪50年代以后，行为主义作为一个学派几近销声匿迹，但作为一种研究取向，它仍活跃在心理学的某些应用研究领域中。例如，新行为主义的代表人物斯金纳所提出的程序教学曾风行了一个时期，随着计算机的普及，程序学习的思想和计算机教学结合在一起，成为个体学习的一种有效途径。行为主义还推动了生物反馈技术的研究，出现了各种生物反馈仪。借助这种仪器，人们可以通过训练让个体自行控制自己的身体动作过程。

【延伸阅读】

关于狗的情绪实验 ❶

巴甫洛夫的动物条件反射实验中，还涉及了狗的情绪问题。他让一个刺激与正强化物相联系（如让圆与食物建立条件作用），让另一个刺激与中性或厌恶强化物相联系（让椭圆与电击建立条件作用），以考察当狗不能区分这两种刺激物时会发生什么情况。结果发现，这时狗会产生情绪失常行为，因为它已经不能区分这种刺激将带来令自己愉快的还是痛苦的强化物。巴甫洛夫的这些研究工作提示人们可以用实验的方法研究神经症、情绪失常等病态人格和社会性的发展。

（三）心理分析的研究

以弗洛伊德为代表的早期精神分析理论和行为主义的理论一样，遭到来自各方面的批判。但是，精神分析的研究取向仍应用在心理学的某些研究领域中。弗洛伊德只重视无意识的研究，过分强调力比多在儿童时期的作用。强调除了人格中的遗传因素，个体的早期经历（往往指婴幼儿及童年经历）决定着人格的发展形成；人

---

❶ 辛自强. 心理学研究方法[M]. 北京：北京师范大学出版社，2012：21.

类的行为、经验以及认知受到内在驱力的左右；这些驱力中的大部分都是无意识的。新精神分析的代表，如安娜、克莱恩、艾里克森、霍妮和弗洛姆等，将精神分析的理论应用于动机和人格的研究，他们更关注儿童和青少年人格的正常发展，不否认意识的作用，强调自我、家庭、社会文化环境对人格的重要影响。

（四）人本主义心理学和积极心理学的研究

以罗杰斯和马斯洛为代表的人本主义心理学家认为，一切不安的根源在于缺乏对人的内在价值的认识，心理学家应该关心人的价值与尊严，研究对人类进步富有意义的问题，反对贬低人性的生物还原论和机械决定论。人本主义心理学着重于人格方面的研究，认为人的本质是好的、善良的，人类不是受无意识欲望的驱使，并为实现这些欲望而挣扎的野兽。人有自由意志，有自我实现的需要。只要有适当的环境，人就会努力去实现自我、完善自我，最终达到自我实现，所以人们足够重视人自身的价值，提倡充分发挥人的潜能。人本主义还相信，人都是单独存在的。心理学家应该对人进行单个的测量，而不要把他们合并在不同的范畴之内。人本主义心理学反对行为主义只相信可以观察到的刺激与反应，认为正是人们的思想、欲望和情感这些内部过程和内部经验，才使他们成为各不相同的个人（马斯洛，2007）。近年来，在人本主义心理学的基础上，一些心理学家（Seligman，2000；Peterson，2000）进一步提出积极心理学的主张。在他们看来，心理学应该关注个体和团体的积极因素，如积极人格、积极情感和积极的社会组织系统等。

（五）认知心理学的研究

20世纪五六十年代发展起来的认知心理学，或者称为信息加工心理学，是心理学研究的新方向。这些理论把人看成一种信息加工者，一种具有丰富的内在资源，并能利用这些资源与周围环境发生相互作用的、积极的有机体。在这些理论看来，环境的因素不再是说明行为的最突出因素了。环境提供的信息固然重要，但它是通过支配外部行为的认知过程对其加以编码、存储和操作，并进而影响人类的行为的。认知心理学家从信息的输入编码、转换储存和提取等加工过程来研究人的高级心理过程，他们认为可以用计算机模拟来检验某种认知模型，计算机模拟的结果和人的反应一致，说明这个认证模型是正确的，否则这个认证模型就有问题、需要改进，同时计算机的程序已经能够代替人的某种智力活动，那么认知心理学家认为也可以模仿计算机的程序来建立某种认知模型，并以此作为揭示人的心理活动规律的依据。

认知心理学和计算机科学的结合，为心理学的研究开辟了新的途径，也为计算机科学的发展奠定了基础，人工智能领域的开辟和发展就是计算机科学和心理学结合的显著成果；之前，认知心理学又与认知神经科学相结合，把行为水平的研究与相应的大脑神经过程的研究结合起来，深入探讨认知过程的机制。

【延伸阅读】

心理学和诺贝尔奖❶

闻名世界的诺贝尔奖始于1895年，由瑞典皇家科学院颁发给在各个领域作出突出贡献的科学家们。其中科学奖授予范围非常有限，仅包括物理学、化学、生理学(或医学)和经济学这四门传统学科，心理学虽不在此列，但它却与诺贝尔科学奖有交叉。2002年10月，丹尼尔·卡尼曼博士成为第一个获得此殊荣的心理学家。他因直觉判断、理性思维以及不确定条件下的人类决策研究而闻名。他和他的长期合作伙伴阿莫斯·特韦尔斯基的研究因为对经济学理论产生影响而获奖。

诺奖得主巴甫洛夫、洛伦兹等人的科学研究对心理学的发展产生了重大而深远的影响。随着心理学的不断发展与成熟，以西蒙、斯佩里、梅-布里特·莫泽和爱德华·莫泽为代表的心理学家也以其卓越的研究成果获得诺贝尔科学奖。

1904年，伊万·巴甫洛夫因对消化问题的研究而获生理学医学奖，此研究影响了他本人后来所做的经典条件反射研究。

1961年，物理学家乔治·冯·贝克西因为对声音的感知的研究而获生理学医学奖。

1973年，生态学家卡尔·冯·弗里希、康拉德·洛伦兹和尼吉拉斯·汀伯根共同获得生理学医学奖，这是第一个颁发给纯行为科学研究的诺贝尔奖。生态学是生物学的一个分支，研究者主要研究的是生物体与其所处环境之间的关系。

1978年，赫伯特·西蒙因其在组织决策方面的突破性研究而获得诺贝尔经济学奖。卡尼曼在2002年获得诺贝尔奖时提到他引用西蒙的研究成果为自己的研究工具。

1981年，生理学医学诺贝尔奖颁发给了动物学家罗杰·斯佩里。他通过"割裂脑"程序证实大脑两半球的不同作用。

第二节　心理学研究的目标与伦理

人类的好奇心是推动科学研究的动力。科学研究必须遵循一定的行为规范。科学研究的目标在于对现象的描述、预测、解释和控制。科学理论提供了对外部世界一致性的连贯描述。心理学研究是一种科学研究，旨在对心理与行为的特点和变化规律进行描述、解释、预测和控制。心理学是一门特殊的科学，与自然科学或其他实证科学有着不同的特点。自然科学的研究对象是客观世界，心理学的研究对象大

---

❶ 约翰·肖内西，尤金·泽克迈斯特，珍妮·泽克迈斯特. 心理学研究方法. 7版.张明，等译.人民邮电出版社，2010：7.

多数情况下为人类被试（注：即心理学研究对象），以人为被试的心理学实验必须要遵循一定的伦理原则。

一、心理学研究的目标

（一）描述

心理学研究的目标之一是就研究对象的现状作出描述与说明。描述主要回答"是什么"的问题，对研究对象在某种条件下的心理和行为状况、特点以及不同方面的关联性进行刻画。心理学家通过观察、实验、调查等方法收集有关信息，对有关信息进行描述。例如，儿童的道德发展处于什么水平？学生的学业自我效能感怎么样？教师的工作积极性高不高？当人们采取某种行为并获得某种结果，对他人或自己行为和行为结果的归因会产生怎样的情感反应和期望水平，继而引起个体怎样的行为变化？等等。心理学家试图建立适用于多样性总体的广泛概括和一般规律。为了实现这个目标，心理学研究经常需要大量的被试。研究者试图去描述一组人的平均水平或者有代表性的表现。例如，通过记录户外路边时钟的准确性和测定步行者步行100英尺（1英尺=0.30米）的速度，莱文（Levine，1990）描述了不同文化背景和不同国家人民的"生活节奏"。这项研究发现，日本人的生活步行速度最快，美国人位居第二，印度尼西亚人的生活节奏最慢。然而，并不是所有的日本人和美国人生活节奏都快。实际上，莱文（Levine，1990）和他的同事发现，美国的不同城市间的生活节奏存在很大差异，这取决于国家的不同区域。美国东北地区城市（例如，波士顿、纽约）的生活节奏比美国西海岸城市快（例如，萨克拉门托、洛杉矶）。其中关于变量关系的刻画，大多数情况下可能只是对事物关联性的描述，但是有时却可以理解为一种解释，比如确定了因果关联，这不仅是描述，也可以用原因解释结果。

（二）解释

描述只是阐释现象的第一步。心理学研究的第二个目标，是对研究对象的活动过程与特点作出解释。解释回答的是"为什么"的问题，揭示某种现象存在的内部与外部原因，阐释变化发生的机制与条件，说明心理的作用与结构。只有找出现象产生的原因，才能理解和解释这种现象。例如，儿童道德发展包括哪些阶段、影响各阶段发展的因素是什么？学习困难生的学业自我效能低的原因何在？教师为什么对自己的工作感到满意，影响教师工作积极性的因素有哪些？以发展心理学为例，儿童的性别角色概念是遗传的结果还是环境或教育的结果呢？为什么有的孩子被同伴喜欢、有的则相反？研究者通常用实验的方法来找出现象的原因。通过操纵控制严格的实验，心理学家推断出产生现象的原因，从而得出结论。

（三）预测

如果知道现在以及过去变化的规律和原因，那将来如何变化呢？心理学研究的第三个目标，是根据描述与解释的结果，预测在采取某种措施或创设一定条件以后，对象状况可能发生的变化，或者依据现有的测量指标，预测一定时间间隔以后对象的发展。例如，单亲家庭的孩子是否更容易抑郁？攻击性过强的儿童是否与成年人一样存在情绪问题？生活压力事件是否会导致躯体疾病的增加？婴儿期亲子依恋为安全型的个体比不安全型的个体在成年初期更可能拥有健康的恋爱关系？幼儿期的高攻击性是否影响青少年期的社会适应？又如，依据先前各类标准测验成绩对之后的成绩（如工作中的、学校里的或特殊领域中的）进行预测，这是许多心理学家的一项重要工作。斯滕伯格和威廉姆斯（Stemberg & Williams，1997）发现，GRE（注：美国研究生入学考试）能相当好地预测研究生第一学年的成绩水平，但却不能预测其他重要指标，如导师对学生创造能力、教学能力和科研能力等的评价。心理学研究中的预测往往是建立在统计学意义上的，是对事件发生概率的预测，由于心理及其影响因素的极端复杂性，并不能够作出100%有把握的预测。

（四）控制

心理学研究的第四个目标就是控制，就是根据已有的科学理论或实际成果，操作某种现象本身或改变其发生的条件使研究对象朝着预期的方向改变或发展。虽然心理学家乐于对行为和心理过程进行描述、解释和预测，但这种知识不能只停留在理论层面上。有些心理现象是沿着人们期望的方向发生的，而有些变化是人们不愿意看到的，于是需要在描述、解释和预测的基础上对心理特点及其变化加以控制，以趋利避害。例如，如果儿童的注意力不集中影响其学习，就可以通过认知干预的方式提升注意力稳定性，促进学习成绩的提高。高攻击性不利于儿童将来的社会适应，就可以考虑通过教育的方式或者其他干预方式削弱其攻击性，提升其人际亲和力，促进良好社会适应能力的发展。

心理学研究并不是试图说明每一种单独的心理特征或行为，而是努力就许多不同行为的关系和原因作出一般的解释，预测各种现象，并在此基础上加以控制，使其朝着预期的方向改变或发展，帮助人们适应生活的方方面面、改变个人生活。心理学研究这四个目标通常是逐层递进的，后者是在前者的基础上进行的，是对前一个层次上研究的深化。各种各样的心理学研究，大体都是在完成上述某个层次或者某些层次的目标。

二、心理学研究中的伦理问题

心理学是一门特殊的科学，与自然科学或其他实证科学有着不同的特点。自然科学的研究对象是客观世界，而心理学的研究对象和研究者都是人，人有主观性、能动性、社会性、发展性、差异性、复杂性，这大大增加了研究的困难；由于研究的主客体都是人，主体对客体的研究过程中存在着相互作用和相互影响，带来了各种干扰研究结果的因素；作为人有着自己的权利和尊严，任何研究都必须尊重这一点，并旨在促进其发展，提高他们的生活质量与生存价值。以人为被试的心理学研究涉及复杂的伦理问题。所谓伦理问题是指，一项心理学研究是否可能给被试带来伤害，被试的权利是否得到了充分的尊重等。心理学研究中的伦理道德主要包括两方面：一是在实施研究前是否进行过充分的伦理上的考虑；二是在研究的各个环节上是否做到了学术诚信。

（一）计划研究时伦理上的考虑

心理学研究的对象（即被试）比较特殊，主要是人，这就决定了心理学研究比较容易涉及伦理上的问题。为了避免所实施的研究存在伦理上的问题，研究者应该至少做到以下两点。

1.评估研究是否给被试带来伤害

在实施研究之前，研究者必须审查该研究是否符合伦理标准，对研究要进行充分的考虑和科学的评估，必须确保参与者（也称被试）不受到任何身体上或心理上的伤害。在实验开始之前，只要有任何重大的危险存在（即使这种伤害不是立刻呈现的），无论是问卷调查、访谈还是实验室实验，这个研究就不能进行。在一些心理学研究中，被试会体验到强烈的心理或情绪压力，这样的研究可能就存在心理风险。另外，仅仅参加心理学实验就能引起某些被试的焦虑。曾经有一个学生确信，学完一系列无意义音节词表后研究者对他已了如指掌，该生猜想心理学者可能会通过他所使用的单词联想来研究他的人格。事实上，他参加的只不过是一个简单的有关遗忘的记忆实验。研究者有义务尽最大可能保护被试免受情绪压力或心理压力，包括被试对心理任务的误解而产生的压力。

研究前，谨慎计划并向适宜的个人及群体咨询才可能避免出现道德问题，要不断完善机制，以确保心理学研究者在最初的研究计划阶段进行伦理上的充分考虑，即检查自己的研究是否可能会对被试造成伤害。例如，被试保护委员会（The Committee for the Protection of Human Subjects，CPHS），可以检查一项计划进行的研究是否存在伦理上的问题，或者是否可能会给被试带来明显的或潜在的伤害。即便一些以动物为对象的实验，也应该尽量做到保护动物，减少损害。不符合道德标准的研究会危及整个科学进程，阻碍知识的进步，损害公众对科学和学术团体的尊重，还可能遭受法律惩罚和经济损失。

2.评估被试权利是否得到尊重

研究者应该充分尊重被试的权利，并保证被试知道自己有权决定是否参加某项研究，也知道自己在参加某项研究时具体拥有哪些权利。研究者应当做到以下几点。

（1）自愿原则

无论出于什么理由，都不可以强制人们作为被试参与研究，研究者不能为了招募被试参加自己的研究而向被试施加某种压力，或者误导甚至欺骗被试。被试参加问卷调查、访谈或实验室实验等任何形式的心理学研究，都应该是自愿的。此外，被试自愿参加某项研究，应该有一份书面协议，这样也可避免日后发生争议或纠纷。如果被试自己没有能力决定是否参加某项研究，那么，研究者须征得被试的监护人（如儿童的家长、脑损伤或精神障碍患者的家属）的同意。

（2）知情同意

研究中与伦理准则相关的大部分问题是知情同意问题。知情同意是研究者和参与者之间的社会契约的最基本成分。知情同意是被试在充分理解研究性质、不参加的后果、影响参加意愿的所有因素后，明确表达参加研究的意愿。研究者应该向被试提供充足的信息，让被试在完整和准确的信息的基础上自主作出是否参加某项研究的决策。研究者需要清楚地描述研究程序、明确澄清可能影响到被试意愿的任何潜在风险，并解答被试对该研究的任何疑问。被试应该明白他们同意做的是什么，还应明白他们可以随时退出而不受任何惩罚或歧视。为了保证研究结果的可靠性，研究者应明确告知被试，在研究中不撒谎、不欺骗、不进行其他欺诈行为，以恰当的行为方式作出反应。

（3）合理欺骗

在一些研究中，如果不向被试隐瞒某些信息，研究就无法进行。为了保证研究结果真实、不受被试某种反应倾向或策略的影响，在调查或实验具体实施之前，研究者可能不能把研究的真正目的告诉被试。例如，卡森和卡基尔（Kassin & Kiechel，1996）想知道哪些因素会使人们违心承认实际上并没有做的事情，他们研究的目的是了解什么因素导致犯罪嫌疑人假意承认犯罪。在实验中，被试的任务是在键盘上敲击他们听到的字母。研究者告诉被试在敲击键盘时不能碰到"Alt"键，因为那样会损坏电脑。一段时间过后，电脑出现故障，研究者指责被试敲击"Alt"键。尽管没有被试敲打过"Alt"键，但仍有将近70%的被试在书面材料上签字，承认他们敲击了。如果事先告知被试该程序的目的是诱发其违心的承认，那么他们或许就不会承认。当这个实验结束后，研究者有义务告诉被试，为了达到实验目的，他们在某种程度上被欺骗了。研究者应该把研究的真正目的告诉被试，同时向被试强调，之所以最初并未将研究的真实目的告诉被试，是为了获得被试的真实反映。研究者还应该向被试保证，后者的反应或表现不反映任何个人的不足，以缓解或消除被试的压力。例如，当被试正等待实验时，屋子里忽然充满了烟雾，可以想象一下他（她）可能体验到的压力。研究者希望用房间的烟来模仿一种紧急情境，被试或许会一直体验相当程度的焦虑，直到研究者说明烟的真实性质。如果实验结束时，研究者仍然不把实验的真正目的告诉被试，那么，被试就有可能因为误解研究的真正目的而产生不必要的紧张和不安的情绪，甚至产生对自己的负面评价。

（4）保密原则

尊重被试的隐私权，为被试保密。在心理研究中，如果研究者不能很好地保护被试的隐私，就会增加这些被试的社会风险。心理学研究中搜集的个人信息可能包括智力、人格特质、政治信仰、社会信念或者宗教信仰等，被试或许不想把这些个人信息透露给老师、老板或同事。为保护被试免受社会伤害，搜集数据时应该采用匿名的形式。或者在研究开始前将数字与被试随机匹配，也可采用编码设计使得泄露风险最小化。匿名性或隐私保护能使被试更诚实、更开放地做出反应，对研究者也是有益的。如若被试不担心他们的反应结果被泄露，那么他们就不大可能撒谎或隐瞒信息。以网络为基础的研究，被试的个人信息可能会被泄露于研究情境之外，所以要谨防电子窃听或黑客攻击数据，采取适当的预防措施，在数据传输、存储及研究后与被试联系时保护其隐私。

（二）心理学研究中的学术诚信

在心理学研究中，学术诚信是指在心理学研究的各个环节上恪守诚信原则，杜绝学术欺诈行为。

1.学术剽窃

即使他人的作品和数据可以间或被引用，心理学者也不得将他人的研究或数据中的任何部分作为自己的成果展示或提交发表。无论何时引用原始材料，都应用引用标记作为标识，而且要注明出处。在论文中解释材料时要列出文章中材料的出处，当使用确切的词语以及解释的时候，必须列出观点的来源。另外，在引用第二手材料时不标明出处也会产生学术剽窃。第二手材料是指讨论他人（原创的）的研究文献，包括教科书以及发表在类似《心理学报》等科学杂志上的研究评论。如果观点或研究结果是源于第二手材料，那么就需要标明出处。

2.数据造假

当研究者从事研究时，他们花费大量的时间和精力，他们的声望和职业发展取决于他们工作的成就。在这样的压力下，有些研究者在实验和处理数据时并不完全诚实。蓄意伪造的例子包括从"捏造"或"篡改"数据到"伪造"数据。例如，西里尔·伯特爵士（Sir Cyril Burt）就是一个经常被引用的造假例子。他是一位受人尊敬的心理学家，研究方向为遗传在智力中的作用。他发表了几篇论文，报告了收集到的同卵双胞胎的数据，这些双胞胎中有些是一起长大的，有些是分开长大的。数据收集于1913—1932年。在其中的三篇论文中，他报告了一起长大的双胞胎智商（IQ）得分相关为0.944，分开长大的双胞胎智商得分相关为0.771。尽管这三篇论文的相关性是相同的，但每一篇论文所报告的研究对象数量都有明显不同。尽管增加了新的研究对象，但这种相关性仍然保持不变，这是极不可能的。这个证据连同其他可疑的事实，导致一些科学家和历史学家得出结论，伯特的数据并不完全真实。

在数据上作假，包括杜撰数据或在出版物的数据结果上作假。主要有以下几种情形：

① 没有收集任何数据，随意杜撰数据；

② 为了使研究结果符合预期，或者获得更好的结果模式，修改或删去一些收集

到的数据；

③ 只是收集了一部分数据，为了获得完整的数据，而猜出来或编出来另外一些数据。

如果在研究中发现数据有明显的错误，作为研究者应当通过合理的步骤，采用修正、收回、勘误或其他适当的方式来更正错误，而不是在数据上作假。研究者应该保存研究的全部原始数据，这不仅有利于日后自己或其他研究者对数据从新的角度进行分析，还可以保护自己免受数据作假的指控。

第二章
文献查阅

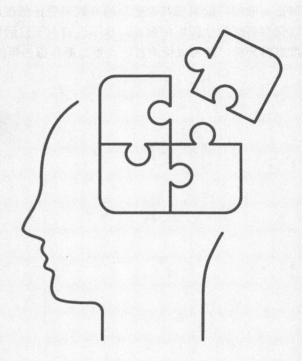

"问渠那得清如许，为有源头活水来"。文献综述的首要条件是文献的来源，文献查阅是课题研究的重要组成部分。研究者进行研究前，在研究选题时就可以通过文献的查阅来获得课题的灵感。在研究进行中，文献查阅既可以确认自己的选题有无研究价值，又可以了解以往研究的研究方法，知悉以往研究的研究结论，并为自己的研究结论找到理论支撑。可以说，文献查阅贯穿研究过程的所有环节，是研究工作的重要组成部分。同时查阅文献也体现了教育科研的特征之一，即继承性。但由于收集情报资料的手法单一，资料收集往往不够全面，进而影响对课题把握的准确度，因此，掌握文献查阅的技能技巧非常重要，不但要以图书馆丰富的馆藏资源为依托，而且需要充分利用计算机等新兴检索技术，提高检索效率。会查阅文献是开展科学研究的基本功之一，本章将说明文献的类型与来源、文献查找的常用的方法和技巧，以及如何进行文献资料的阅读和整理。

第一节　文献的概述

"文献"一词出自《论语》，古时候的"文"指典籍文章，"献"指的是古代先贤的见闻、言论以及他们所熟悉的各种礼仪和自己的经历，与当代"文献"的含义略有不同。文献是科学研究和技术研究结果的最终表现形式，是人类知识宝库的重要组成部分，是人类的共同财富。

一、文献的含义

文献是已发表过的或虽未发表但已被整理、报道过的具有时代价值和参考价值的记载人类知识的一切载体，是人们传递和交流研究成果的重要媒介和手段，包括以文字、图形、符号、声音、图像等形式呈现的书籍、期刊、研究报告、手稿、录音、摄像等。有关心理学研究的文献分布非常广泛，呈现形式也多种多样。

二、文献的分类

（一）根据不同出版形式及内容划分

1.图书

联合国教科文组织（全称为"联合国教育、科学及文化组织"）对图书的定义是凡由出版社（商）出版的不包括封面和封底在内的49页以上的印刷品，具有特定的书名和作者名，编有国际标准书号，有定价并取得版权保护的出版物称为图书。图书以传播文化为目的，是人类思想的产物，是不断发展、不断扩充的知识传播工具。

2.连续性出版物

连续性出版物指定期或不定期以连续分册形式出版的具有统一题目的印刷或非

印刷形式的出版物，一般有卷期或年月标识，并可以无限期地连续出版。连续出版物包括期刊、报纸、年度出版物（年鉴、指南等）以及系列的报告、学会会刊、会议录和专著丛书等。连续出版物由于出版周期短、速度快，内容新颖，能及时反映最前沿的知识、最先进的科研成果和最新的时事消息，对科学研究具有重要参考价值。

3.特种文献

特种文献是指出版发行和获取途径都比较特殊的文献，特种文献一般包括会议文献、科技报告、专利文献、学位论文、标准文献、档案资料、政府出版物、产品资料等。特种文献有鲜明的特色，涉及内容也非常广泛、数量相当庞大，因此，参考价值高，是非常重要的信息来源。

（二）根据承载文献的载体划分

1.纸质文献

纸质文献是指以纸张为媒介，用书写或印刷等方式记录知识、保存信息的文献。纸质文献最早出现在中国，到了公元4世纪以后才逐渐在世界各地传播和应用。心理学类的纸质文献主要有书籍（包括专著、教科书、手册、资料性工具书等）、报刊（包括报纸、期刊等）、档案资料（包括会议报告、教育年鉴、教育法令集等）。

2.音像文献

音像文献，又称声像资料、视听资料、音像制品，是以磁性材料、光学材料等为记录载体，以音频、视频为媒介，利用专门的机械装置记录、保存、传递声音和图像信息的文献，主要有胶片、唱片、电影、电视、幻灯片、录音、录像的机读文献以及以光盘、磁盘为媒介记录保存传递信息的文献。音像文献的突出特征是用有声语言和图像传递信息，具有存储密度高、内容直观真切、表现力强、易被接受和理解、传播效果好等优点，在帮助人们认识复杂、罕见的自然现象，探索物质结构和运动机制，丰富文化生活，提高教学与训练效果等方面具有独特的作用。20世纪初，图书馆已开始收藏音像文献（常与缩微文献等合称"非书资料"）。20世纪50年代后期以来，信息技术和通信技术的迅速发展，使音像文献的数量和品种愈来愈多，利用价值和范围愈来愈大，图书馆也更多地开展音像服务。

（三）根据文献内容的加工程度和可靠性程度划分

1.一次文献

一次文献，也称为零次文献，是以作者本人的实践和科学研究成果为根据而创作的原始材料，它是未经加工整理的第一手资料，如专著、论文、调查报告、档案材料、研究报告、书信、草稿、教育日志、会议记录、备忘录、笔记等。一次文献具有原始性和创造性的特点，有人把它称为离事实最近的文献，可以直接参考和借鉴使用，对研究工作有很大的价值。一次文献在整个文献中是数量最大、种类最多、所包括的新鲜内容最多、使用最广、影响最大的文献。

2.二次文献

二次文献，也称为二级文献，是在一次文献基础上经过加工、整理、提炼、压缩而形成的系统化、条理化的文献资料，如题目、书目、索引、提要和文摘、文稿等。首先，二次文献具有高度浓缩性，是直接对原始文献进行浓缩，信息量大；其次，二次文献确切地记述原始文献的重要内容，不加评论和解释，忠实于原始文献，客观准确；再次，二次文献完整独立，把原始文献内容浓缩成一篇短文，具有独立使用价值；最后，二次文献既具有报道性质，传递科技信息，又具有文献检索功能。

3.三次文献

三次文献也称三级文献，是在二级文献基础上对某一范围内的一级文献进行分类整理加工，进行广泛深入的分析研究之后而成的，带有个人观点的文献资料，如研究动态、研究综述、专题述评、进展报告、年检、数据手册等。三次文献信息量大，覆盖面广，具有综合性，又具有参考性，是对现有成果加以评论、综述并预测其发展趋势的文献，在文献调研中，可以充分利用这类文献，在短时间内了解所研究课题的研究历史、发展动态、水平等，以便能更准确地掌握课题的研究背景。

（四）根据文件的形式划分

1.文字文献

文字文献即以文字形式记录的文献，包括文字、书籍、报刊、档案材料等。

2.非文字文献

非文字文献分为两类：一类为造型艺术作品，如绘画、版画、雕塑等；另一类为音频视频文件，如电影、电视、录音、录像、幻灯片、照片等。

【延伸阅读】

常用文献类型与文献载体代码

（1）期刊作者.题名［J］.刊名，出版年，卷（期）：起止页码.

（2）专著作者.书名［M］.版本（第一版不著录）.出版地：出版者，出版年：起止页码.

（3）论文集作者.题名［C］.编者.论文集名，出版地：出版者，出版年：起止页码.

（4）学位论文作者.题名［D］.保存地点.保存单位.年份.

（5）专利文献题名［P］.国别.专利文献种类.专利号.出版日期.

（6）标准编号.标准名称［S］.

（7）报纸作者．题名［N］．报纸名．出版日期（版次）．

（8）报告作者．题名［R］．保存地点．年份．

（9）电子文献作者．题名［电子文献及载体类型标识］．文献出处，日期．

（10）学位论文作者．题名［D］．保存地点．保存单位．年份．

三、文献在心理学研究中的作用

查阅文献贯穿于整个心理学研究的全过程，是心理学科研工作的重要组成部分，通过阅读文献，研究者纵观全局，跟上形势，可以对研究课题有整体的把握和深刻的了解。文献在研究的不同阶段起到不同的作用，美国某科研机构的调查统计表明，一名从事自然科学研究的科研人员在一个科研项目中查阅文献资料所用的时间占全部科研时间的四分之一至三分之一，而社会科学研究查阅文献资料的时间要占到一半以上。因此，在心理学研究中，查阅文献资料的时间要占到一半以上，论文写作或科学研究必须查阅文献资料。

（一）有助于确定研究问题

通过文献查阅，研究者可以了解课题研究的历史状况、国内外研究现状、相关研究成果等，可以让研究者全面地了解前人在该领域、该问题上已经做过的工作、获得的成就、解决的问题和采用的方法，留下哪些需要进一步探讨的问题，这样可以避免不必要的重复工作，从而找准突破点，缩小研究范围，确定自己研究的焦点，界定问题范围。如果没有充分界定问题的范畴，研究只会是一个泛泛的、失败的研究。因此，在选题阶段，对研究方向有大致的了解之后，研究者必须通过查阅文献进一步具体地限制和确定研究问题和研究课题的方向。查阅文献体现的是心理学研究的继承性，开展科研工作必须要了解前人或他人的研究情况，在此基础上吸收、借鉴他们的成功经验和失败教训，避免重复进行研究的浪费和失败拖延，从而提高自己研究领域的创新性和效益。

（二）有利于关键概念的科学界定

研究者在进行研究时应通过查阅文献资料对概念进行科学定义，使研究课题具有合理性、科学性和可操作性。通过查阅文献，研究者可以了解研究的理论基础，可以使该课题研究在确定的范围内开展，并确定自己的研究在正确的方向内进行；同时，对概念的界定，也便于别人按照研究者规定的范围来理解研究结果和评价该研究的合理性。

（三）促进开拓研究思路

在查阅文献时常常会看到，研究者一般会在其研究报告的结尾处附上需要进一步探讨的问题，这些问题都可以作为研究者新的研究方向。同时，在查阅文件的时候，研究者由于个人独特的生活经验和理论背景，也很有可能看到其他研究者不曾看到的方面，因而在其感兴趣的领域中，对那些已经完成的研究，一定会有一些被忽略而又可行的地方，研究者要善于敏感地捕捉这些信息，提出新的观点，为研究开拓新的思路。

（四）有助于学习新的研究方法

一旦确定了研究问题和焦点，研究者查阅文献的目的就发生了变化，这时的阅读更有针对性、计划性、目的性。在查阅文献时，有些人常常会犯的一个错误就是只关注研究结果，而忽略其他方面。其实，研究报告中的其他信息，如研究思路也有助于研究设计，特别是研究者用什么方法得到这些结果，可以通过借鉴这些方法来对自己的研究方案提出一些适当的修改意见，避免意想不到的困难和可能出现的差错。通过阅读文献，研究者可以对本研究领域内各种研究方法的优、缺点有更为客观、清醒的认识。研究者还要注意自己的研究领域中那些已经被证实无效的研究方法，这样才能吸取他人的失败教训，避免再一次使用这些研究方法，克服以往研究的缺陷，加速研究的向前推进。

（五）提供新的理论支撑

在研究成果的撰写阶段，研究者可以通过查阅文献来寻求解释和支持研究结论的理论依据和事实依据，以证明研究结论的先进性、科学性和有效性，同时进一步说明研究成果的创新性和重要性。所需要的理论支持并不是研究者预先设想出来的，而是研究中通过查阅文献逐步建构起来的。研究者首先要搜集研究领域的数据，然后开展分析，得出结论，当理论看上去论据充分，再去查阅相关文献，形成研究者自己的扎实理论。只有以这种方式查阅出来的文献才是真正支持理论的，可为研究者解释研究结果提供背景性资料，也可以让研究者质疑自己或他人的理论。

第二节　文献的查找

文献查阅就是从众多的文件中查找并阅读所需文件的过程，查阅文献不仅包括对相关研究文献的检索、查阅，还包含对有价值的信息资料的记录、整理、归纳、解释以及撰写文献综述等工作。从事任何一项科学研究，都需要查阅大量的文献，了解该研究的历史现状以及国内外的研究状况，探明已有的研究程度、研究方法及技术路线，明确已有的研究成果可借鉴的地方和应吸取的教训，从而找到自己的研究生长点。文献查阅与文献法不同，文献查阅是整个研究工作过程中的一项基本性工作，是为研究工作作理论铺垫的，无论采用何种方法进行研究，都需要查阅文献。

一、文献的分布

根据文献的来源可以分为书籍、报纸、期刊、学术性会议文献等。

（一）书籍

这里所说的书籍主要是指与研究课题有关的教材、论著、专著等。

教材是由3个最基本的要素（信息、符号、媒介）构成的，向在校的学生传授知识和技能等的材料。教材的定义有广义和狭义之分。广义的教材就是指课堂上和课外教师和学生使用的所有的教学方面的材料（例如课本、课外故事书、练习册等），广义教材不一定是装订成册或正式出版的书本，凡是有利于学习、增长知识的材料都可以称为教材；狭义的教材就是教科书，教科书是根据教学大纲编写的教材。

论著一般是指议论性、带有研究性的著作，在学术界，一般指学术含量比较高的论文。论著是作者将自己的科研、临床、教学的成果、经验、体会，以严密的逻辑论证、规范形成的文字作品，是论文中最具典型性和代表性的文体。论著不仅全面介绍了有关学科的基础知识，而且通常概括说明学科领域内的科研成果。

专著是指对某一门学科或者是某一个专门的课题进行全面的系统论述的著作，一般是对特定问题进行详细研究的结果，通常由作者阐述，提出自己的观点和认识，是重要科学研究成果的体现，具有较高的学术参考价值。专著出版之前，作者研究的成果一般往往以论文形式出现，在此基础之上进行深入的探讨，进而展开进行阐述，就形成了专著。专著一般都会附有参考文献和引文注释，包含丰富的书目信息。

教材和论著是对某一领域进行广泛讨论的著作，但是由于学术上稳定性的要求和出版周期较长，更新速度较慢，因此教科书和论著的内容往往偏向于反映学术界普遍同意或较为流行的见解，而无法及时反映学术研究的最新进展。专著则不同，它是针对某个专题进行系统全面深入论述的书籍，大都是作者多年研究的成果，有独到的见解、新颖的材料，因而更具有参考价值。

（二）报纸

报纸是以刊载新闻和时事评论为主的定期向公众发行的印刷出版物或电子类出版物。是大众传播的重要载体，具有反映和引导社会舆论的功能。现代报纸的直接起源是德国15世纪开始出现的印刷新闻纸（单张单条的新闻传单），一般把1615年创刊的《法兰克福新闻》视为第一份"真正的"报纸。报纸有固定名称，面向公众定期、连续发行。现代报纸每日出版一次，称为日刊；或者每周出版一次，称为周刊。报纸有消息及时、可不受时间限制随时阅读、阅读或理解能力较低的人亦适用等优点，但报纸因为纸张过多、携带及传阅的不便，所以震撼力和感染力相较电视和电台的影音片段而更低一些。

（三）期刊

期刊是定期或不定期的连续出版物，有周刊、月刊、季刊等，由于期刊具有出版周期短、内容新颖、论述深入、信息量大、发行范围广、交流面大、专业性和实践性强的特点，反映了当前有关学科领域的最新动态和最高研究水平，为科研工作提供资料，是最有效且便捷的文献来源，所以深受科研人员欢迎。

【延伸阅读】

期刊的分类

（1）根据期刊的内容和作用分类，期刊可以分为原始论文期刊、检索期刊和报道性期刊。

原始论文期刊发表的是原始研究论文或实验报告，是科研人员直接研究的成果，专业性强，最受研究者的青睐。检索期刊是重要的检索工具，可以帮助我们在短时间内了解某一特定课题的文献资料，这类期刊还刊登综合性评价某一学科或某一专题进展与成就的论文。报道性期刊包括快报、简报、通讯稿等，有公开发行和内部发行两种，这类期刊是了解研究动态的重要渠道。

（2）根据学术地位分类，期刊可分为核心期刊和非核心期刊（通常所说的普刊）两大类。

核心期刊，是指在某一学科领域（或若干领域）中最能反映该学科的学术水平，信息量大，利用率高，受到普遍重视的权威性期刊。国内对核心期刊的测定，主要运用文献计量学的方法，以及通过专家咨询等途径进行。当然，核心期刊与非核心期刊的划分不是固定不变的。非核心期刊经过努力，可以跻身于核心期刊之列，核心期刊如故步自封，也会被淘汰。

（3）根据学科分类，期刊可以分为五个基本部类。

以《中国图书馆图书分类法.期刊分类表》为代表，将期刊分为五个基本部类：马列主义、毛泽东思想；哲学；社会科学；自然科学；综合性刊物。在基本部类中，又分为若干大类，如社会科学分为社会科学总论、政治、军事、经济、文化、科学、教育、体育、语言、文字、文学、艺术、历史、地理。

（四）学术性会议文献

会议文献是指在会前与会后散发的会议报告纪要论文集，这些会议文献往往反映了一门学科的研究动向和研究成果，代表了国内外教育科研近期的发展水平，预示未来发展趋势。

论文集可以是一次学术会议的论文汇编，也可以是编辑组稿的结果，也有可能是出于合作需求，就某个跨学科主题进行研究的成果，论文集汇集了众家思想，是许多专家对某个中心主题的思考和见解，主题明确，视角独特，对研究有事半功倍的启发作用。

（五）交易档案

交易档案是人们在交易实践活动中直接形成的具有保存价值的原始文献资料，包括教育年鉴、教育法令集、学术会议文献、教育统计、教育调查报告资料汇编等。

（六）电子信息资源

电子信息资源是以数字化形式（即，二进制代码0、1）把文字、图像、声音、动画等多种形式的信息存储在光、磁等非印刷型介质上，并以光信号、电信号的形式传输，通过相应的计算机和其他外部设备再现出来的信息资源。随着现代科学技术的发展，可以从网上通过查阅资料、传递文件、对话通信等形式获取文件、资料和信息，也可以通过网上个人信息平台，如建立个人博客、通过电子邮箱发送电子邮件等进行资料信息和学术思想的交流。与传统的信息资源相比，电子信息资源具有存储形式多样化、资源数字化、可交流程度高、方便利用、内容丰富、载体容量大等特点，是研究者获取研究资料的重要途径。

二、文献检索的基本步骤

（一）确定研究问题，明确研究主题

首先，要确定查找的学科领域，确定查找资料的时间范围和语种，寻找相关的查找线索，以便扩大查阅范围。其次，要明确检索的对象，确定检索的相关主题和检索范围，弄清课题的关键所在，确定适合的主题，这样在检索过程中，面对庞大的教育资料信息时，才能把握主题，快速、准确地找到所需要的信息资料，不至于浪费时间和精力确定范围。再次，要明确研究课题的核心概念，核心概念的确定有助于研究文献检索，要进行概念的界定，明确概念的内涵和外延，通过文献检索核心概念之后，研究者还应该确定与核心概念相关的其他概念，把相关概念和核心概念进行组合，形成一个概念群，从而列出文献检索的关键词。

（二）文献查阅与整理

首先，要对收集到的资料按内容或重要程度进行分类排序，然后仔细阅读，剔除无关材料和重复材料，保留全面完整的、能正确阐明所要研究的问题的有关材料和含有新观点新方法的材料。其次，仔细阅读材料，缩小有用文献的范围，阅读文献的方法有浏览、翻阅、通读、精读，一般可以几种方法结合使用。再次，进一步整理和筛选这些文献。可以把在文献查阅过程中初步选定的资料下载并保存，复印或打印下来，并准备一份完整的文件目录。最后，整理资料的时候，如果发现你所收集的资料只是和你的研究问题间接相关，那么你就需要回到第一个步骤重新查找相

关资料。总之，要根据实际情况灵活应变，努力提高工作效率，减少不必要的失误。

（三）文献摘录

对复杂的或重要的文献进行摘录或总结，按照参考文献的要求准备一份完整的文献目录。

（四）撰写文献综述

综合查阅筛选出的有用文献资料，撰写文献综述。这部分内容我们将在后文做详细介绍。

三、文献查找的一般方法

（一）按文献检索工具划分

1.手工检索

手工检索是一种传统的检索方法，即以手工翻检的方式，利用工具书（包括图书、期刊、目录卡片等）来检索信息的一种检索手段。手工检索不需要特殊的设备，研究者根据所检索的对象，利用相关的检索工具就可进行。手工检索的方法比较简单、灵活，容易掌握。但是，手工检索费时、费力，特别是进行专题检索和回溯性检索时，需要翻检大量的检索工具反复查询，花费大量的人力和时间，而且很容易造成误检和漏检。

2.计算机检索

计算机检索指人们在计算机或计算机检索网络的终端机上，使用特定的检索指令、检索词和检索策略，从计算机检索系统的数据库中检索出需要的信息，继而在终端设备显示或打印的过程。计算机检索工具是由计算机编程人员编制的，储存于计算机中帮助读者查阅文献资料的软件，一般分为两种：一种是图书馆或资料中心使用的文献检索系统，它和该图书馆或资料中心的数据库联结，读者能利用它从数据库中检索出所需的资料；另一种是国际互联网，各种网站如百度、谷歌、搜狗等都有搜索引擎，读者利用搜索引擎可以从庞大的互联网中搜寻和阅读所需文献资料。计算机搜索关键是要找出研究领域和主题词，如果主题词没选好，有可能找不到你所需要的文献，通常可将两三个相关领域放在一起交叉考虑，另外多选几个主题词，这样可以缩小检索的范围。

【延伸阅读】

常见的文献检索工具

1.利用一些常用的搜索引擎查找资料

如谷歌、百度、网易、新浪、搜狗等。也可以在互联网上利用各种心理类网站进行查找，在已知网址的情况下，也可利用一些心理学相关的网站提供的网页检索功能查找所需内容。不同的网站设计的检索选项各有不同：有的可能是关键词，有的可能是文章标题，还有可能允许阅读者自己选择的选项。

2.学校图书馆

高校图书馆往往与专门的学术文献网站合作，提供大量、丰富的文献资料和资源。

3.专门的文献检索网站

如维普网、知网、万方数据库等，该类网站提供的文献资源丰富，且质量较高，深受研究者喜爱。通过这些专门网站搜索文献，会产生两种结果，一是文献过多，二是文献过少。如果一次搜索只找到几篇文献，说明选题太专业，以往研究非常少，要么搜索方式有问题，如果过多甚至达到数千篇，说明问题太广，应增加关键词，缩小搜索范围，找出相关性最大的文献。

（二）按文献查找的顺序划分

1.顺序查找法

顺序查找法，又称顺查法，是指按照时间的顺序，由远及近地利用检索系统进行文献信息检索的方法。这种追根寻源似的查找方法能收集到某一课题的系统文件，适用于较大课题的文献检索，特别适用于查找理论性和学术性的文献资料；但是它的缺点是费时费工检索效率不高，并且课题的起始年代一般难以确定，期刊知识更新又非常快，因而建议研究者从近十年的期刊开始查起。

2.逆序查找法

逆序查找法，又称倒查法，是由近及远，从新到旧，逆着时间的顺序利用检索工具进行文献检索的方法，例如先查当年的文献，然后逐年往前查找，查找时不必一年一年地查找到头，只要查得所需文献即可。此方法的查找重点是放在近期文献上，使用这种方法可以最快地获得最新资料。

3.抽查法

抽查法是指针对项目的特点，选择有关该项目的文献信息最可能出现或最多出现的时间段，利用检索工具进行重点检索的方法。

4.追溯法

追溯法，又称参考文献查找法，是指不利用一般的检索系统，而是利用文献后面所列的参考文献逐一追查原文，然后再从这些原文后所列的参考文献目录逐一扩大文献信息范围，一环扣一环地追查下去，它可以像滚雪球一样，依据文献间的引用关系获得更好的检索结果。

采用这种方法一般是从自己掌握的最新资料开始进行。这种方法的优点在于心理学研究文献涉及范围比较集中，获取资料方便迅速，并可不断扩大线索，回溯过程往往会找出有关研究领域中重要的、丰富的原始资料；缺点在于，文献资料受原作者引用资料的局限性及主观随意性影响，往往比较杂乱，没有时代特点。

第三节　文献的阅读与整理

在写论文前，往往会广泛地搜集文献资料，如果对每一篇文献都进行精读，那将耗费大量的时间，也容易走向错误的研究方向。因此，需要高效地对文献进行阅读和整理，快速找到所需信息，这是每个研究者都要熟练掌握的技能。

一、文献阅读的方法

（一）泛读与精读相结合

泛读时，先了解要解决的问题，设想自己怎么去解决它；精读时，力图了解作者解决问题的技术细节及思考问题的过程。对重要论文进行全文精读，有选择地进行局部精读，对重要性或相关度一般的文献进行泛读，对大量有关资料进行一般浏览或者仅阅读摘要。挑选精读文献的前提是通过泛读的方式去查阅发表在该领域重要期刊上面的最新文献或是经典文献，或是引用率较高的文献，同时要结合自己近期想要展开的研究工作，挑选合适的精读文献。

第一遍，粗略地阅读文献。先看摘要，完整地读一下摘要，看看是否跟自己的研究方向相关；再看引言，看引言中作者是如何阐述其研究思路的，是怎么得出做该研究的想法的；在确认以上几点都比较符合自己的研究方向后，就可以开始全面仔细地阅读全文。建立一个名为"无关文章"的文件夹，再建一个文件夹名为"较少关联文章"，剩余的文章即为重点阅读的文献，边阅读边将文献归入不同的文件夹中。与此同时，还要边阅读边辨别和筛选文献，尽可能不用感性文章或者"小豆腐块"文章，对于明显抄袭的文献必须剔除和放弃。对于重复发表、杂志级别相差无几的文章，只保留或标注发表年份更早的文献；对于重复发表、杂志级别不同的文章，选择杂志级别较高的具有权威性的文献作为参考；对于作者和主要内容相同，但详略不同的文章，选择内容更为详细的文章作为参考。

第二遍，精读需要重点阅读的文献。浏览与研究问题紧密挂钩的文献，边浏览边记录边整理思路，便于撰写文献综述；特别要注意保留细读硕（博）士论文、本领域研究专家和有关课题组发表的系列研究论文；细看和整理专业人员的研究，注意其特别的研究视角和研究方法；重点关注被重复引用的文献和经典研究，尤其是其研究方法和发现。此外，阅读文献时还要注意拓展研究范围，边看边补充文献，比如将关键词范围再扩大，参考文献中涉及的文章要及时补上。如果是刚刚开始接手一个课题方向，在什么也不清楚的情况下，所查到的开始几篇文献都应该做精读。如果能查到一两篇跟自己所研究方向相关的综述，对该文章一定要进行精读，力求完全吸收，弄懂这个领域内所涉及的概念树研究现状和日后的研究方向。

（二）批判性阅读

众所周知，文献在其质量及综合性方面有很大的差别，因此在阅读文献时要带有某种程度的批判性，读者不仅需要具备智慧，同时还应该具备研究方法的知识，并熟悉学科研究的领域，有时候自己的评价会有狭隘和偏执之嫌，如此就应该一方面参考他人对该文献的评价，另一方面查看该文件是否曾在全国性学会上获奖（目录上可能包含这些信息），如此就可以探索作者的背景资料，设法查证作者过去的出版记录、受教育和受训情况、在相关领域的工作经验以及在同行中的名声和声望，这都是研究者应该考察的因素。同时，出版商的声誉也非常重要：出版社的声誉是与其所出版的作品质量成正比的，论文发表在何种刊物上一般也说明了该论文的重要性。这种联系不是必然的，需要研究者甄别。另外，在阅读时还要关注参考资料来源（缺乏高质量参考资料的书，其用途就很有限），注脚和书目提要显示研究的广度和深度，可以看出作者在这一领域的专业素养。

（三）做好文献阅读笔记

有经验的研究者通常采用逆向阅读法，即从最新的文献开始读，然后慢慢往回读，边读边整理和综合阅读的内容，认真记录文献摘要、评论及可能的用途，让文献在课题研究中得到更科学、更有效的利用。首先，文献摘要应该包括论文中最重要的信息，比如，提出该研究课题的理由、隐含的假设、收集数据的程序、研究对象、测量工具、数据分析程序、主要研究发现以及对现有的研究所作出的贡献等。其次，在做文献评论阅读笔记时也应该包括对一项研究的评价，研究者在阅读文献时可以随时动笔，记下所发现的优、缺点，特别是论文中所存在的问题，摘要是描述性的，而评论是评价性的，所以要求研究者用批判的眼光仔细阅读。再次，在阅读论文时，应该时刻考虑这样的问题，这篇文献与我自己的研究有怎样的关系？最后，研究者要根据课题的需要，将文献资料搜集起来，经过认真地学习、分析、加工，写出一篇综合性的叙述材料，即文献综述，它是研究论文或调查报告的重要组成部分，又可以独立成文作为文献研究的成果。

【延伸阅读】

阅读文献的一些注意事项

① 多数文章看摘要，少数文章看全文。文献不在于多而在于精，大批的文献必须要仔细研读其摘要，经过人为的筛选，选取比较经典及更具价值的文献来进行精读，因为真正有用的全文并不多。

② 集中时间看文献。看文献的时间越分散，浪费时间越多，越容易遗忘；集中时间看更容易联系起来，形成整体印象。

③ 做好记录和标记。好文章可能每读一遍就有不同的收获，每次的笔记加上心得，最后总结起来就会对自己大有帮助。

④ 准备引用的文章要亲自看过，避免以讹传讹。

⑤ 注意文章的参考价值、刊物的影响因子［影响因子是美国科学信息研究所（ISI）的《期刊引证报告》（JCR）中的一项数据，即某期刊前两年发表的论文在统计当年的被引用总次数除以该期刊在前两年内发表的论文总数，这是一个国际上通行的期刊评价指标］。文章的被引用次数能反映文章的参考价值，但要注意引用这篇文章的其他文章是如何评价这篇文章的，即支持还是反对、补充还是纠错。

二、阅读笔记的撰写

（一）批注笔记

在读自己买来的书时可以做批注笔记。批注笔记中的批示可以写在正文上端或下端的空白处。写眉批，就是在著作上的空白处写上自己的见解或评语，或解释或质疑，不管是褒是贬，都应该说出根据来，要写得简明扼要，想好了再写。注是指读者在书上对其中重点、难点和精彩的地方画上各种记号，最常见的记号是在字旁边圈点或者划线。

（二）摘录笔记

如果阅读的书不是自己买的，可以做摘录笔记，摘录的原文必须是写得很精辟、逻辑很严密的内容，或是写得很有深意、发人深省，或是很有参考价值的内容。摘录时要注意忠实原文，不要断章取义，不要改动原文的字句和标点。此外，要注明出处，以便日后查找、核对和引用。

（三）提要笔记

提要笔记就是把整篇文章或整本书的内容要点用简括的语句和条举的形式依次地记载下来。做提要笔记的过程就是把阅读内容简化的过程，它便于掌握全书内容和逻辑结构，掌握全书的梗概，是把书变薄的过程；做提要笔记的方法是把所读的文章或书分成几个大的段落，大段落又分成几个小的层次，经过这一番分析，使文章或书层次分明、脉络清晰连贯。

（四）心得笔记

读完书或文章以后，仔细回味一番，经过头脑的思考、加工，及时记下读书心得，即为心得笔记。

（五）书目登记

在研读过原始文件后，研究者通常要对每一篇阅读过的相关文献做书目登记。如此，一方面可为今后重新阅读查阅提供线索，另一方面也为课题研究准备参考文献和参考书目。

【案例】

文献阅读笔记格式参考

阅读时间： 年 月 日		
序号	项目	内容
1	论文题目	
2	作者/时间	
3	文献来源	
4	文献级别	
5	研究内容	
6	研究方法及思路	
7	研究创新	
8	研究结论	
9	文献价值	
简要评述		

第三章
科研选题

科学研究是为了解决问题，第一步也是最重要的一步就是提出问题或者定一个明确的目标。这些都是出于人们的好奇心，却又激励着人们去寻找答案。一项研究到底关心什么问题，这永远是排在第一位的。课题的选择与问题的提出是研究的第一步，也是最重要的一步。本章主要介绍如何选择研究课题并提出研究问题与研究假设。

第一节　研究课题的选择

心理学研究都包含比较严格的步骤，需要遵循比较周密的计划，这样才能达到预期的研究目的。因此，学会选择研究课题至关重要。本节介绍研究课题选择的原则、研究课题的类型以及研究课题的来源与选题策略。

一、研究课题的选题原则

找到一个好的研究问题，研究就成功了一半。选题，就是选定并明确表述所要研究的问题，这是一切科学研究工作的起点。在课题选择上，可以考虑如下原则。

（一）价值性

科学研究的最终目的是为满足人们日益增长的物质文化生活和社会生产的需要，从而推动科学的发展和社会的进步，促进社会主义的物质文明和精神文明建设。只有面向社会、面向生产实际需要的选题，其成果才能为社会所吸收、消化，直至转化为现实的生产力，推动社会的进步。研究者应该善于结合社会现实需要选择课题。在我国，国家、社会和文化的变革对心理学提出了强大的现实需求。随着我国老龄化社会的到来，老年心理问题日益突出；民众对教育改革的强大呼声，也要求把教育建立在坚实的心理发展规律研究基础上；在很多领域突出的社会问题（如群体性事件、网络成瘾），都要求我们关注国民心态和心理素质问题。由此可见，我国社会文化的变革要求心理学必须具有更强的"现实性"和"应用性"，切实将学术研究和社会现实需求结合起来。选择这类课题，社会需要、人们关心、研究目标明确，一旦突破，必然会带来显著的社会效益或经济效益。选择这类课题进行研究，要注意研究的可操作性。有些研究项目，属于基础理论研究项目，虽然目前还不能应用于社会实践，但是它对于科学文化的发展，对于解决理论上的疑难问题具有重大价值，或者对于应用课题的研究具有指导意义。

（二）创新性

科学研究的本质特征是创新性，其价值在于提供先前没有的知识。创新性是科学研究的本质与灵魂，所以科研选题必须有创新性，即要选择那些尚未认识而又需要探讨的问题作为研究对象，切忌重复别人已经做过并已取得成果的类似课题。坚持选题的创新性，可以从科学认识不一致或"空白点"去选题。客观世界是多样化、复杂和不断发展的，不管科学怎样发达，总有尚待人们去研究、去认识的新课题。虽然重复和验证别人的研究是必要的，但一个成熟的研究者应该有志于创造新的理论、方法或研究成果的应用机制。前人的理论或学说总有需要补充或发展的地方。事实上，多数理论都是在后人的不断补充和完善中发展起来的。例如，澳大利亚学者哈尔福德等人（Halford，Wilson，& Phillips，1998）提出，工作记忆不仅体现在加工孤立的项目上（这是传统工作记忆测量的内容），更应体现在加工彼此关联的项目上，由此提出了"关系复杂性"理论。这对于工作记忆研究是一种理论观点的创新，第一次提出"错误信念"范式，这对于儿童心理理论的研究是一种方法创新。这种有创新意义的研究可以称为"种子"研究，它可以衍生出许多相关的研究，也可以产生新的研究领域。

（三）可行性

人类并不缺乏奇思妙想，也面临着迫切需要解决的各种问题，但是并非每个问题都能研究出结果来，至少在某个历史时期还难以研究。一般来说，完成一项研究课题，往往需要三个基本条件（即理论条件、物质条件、能力条件）和三个要素（即人、财、物）。研究课题要根据自己进行科研和写作的主观、客观条件进行选题。选择科研课题，既要考虑课题研究的必要性，又要考虑自己完成研究和写作的可能性。有些课题，虽然很有价值，但是，研究者力不从心，无法完成或无法圆满完成，也是不适合的。因此，在选题过程中，一定要分析清楚主、客观条件，主观条件包括研究者专业特长与优势、自己的研究兴趣，自己的能力与水平；课题完成还需要一定的客观条件，如仪器设备、测查工具、图书资料、档案文献、被试资源、经费保证、时间空间等，缺乏必要的客观条件，就不能保证课题的实施。对自己的长处和短处，对需要做什么而又能做什么等心中有数。只有遵循可行性原则，才能扬长避短，充分利用现有条件，选择好基本符合自己情况的研究课题。课题开展的主客观条件并非只有这些笼统的内外因素，还包括研究问题是否有解决的可能性、课题自身设计和实施方案的可行性等多个方面。毕竟，人类面对的问题远比能解决问题的方法更多，有些问题暂时是无法研究的，有些问题虽然值得研究，但设计方案未必可行。当然，坚持可行性原则绝不是要求研究者在一切条件都完全具备、有完全成功的把握时才去选择某个课题，经过主观努力，可以具备完成条件的课题，则不应排除在选择范围之外。选题时，一方面要防止不顾主、客观条件，贪大图新，好高骛远，选择缺乏条件、难以完成的课题；另一面也要防止只讲条件，无视人的主观能动性，害怕困难的保守思想。

（四）可重复性

科学研究的重要特征之一是可重复性。一个研究者发现的结果只有能够或可能被其他研究者复制，才能算是有效的科学发现，因此重复并验证已有研究结果是科学研究的重要内容。另外，对于研究的初学者而言，重复已有研究比开展新研究更容易上手，而且可以快速、有效地提升自己的实际研究能力。很多学者都是从重复或模仿他人的研究开始自己的职业生涯的。因此，我们不妨从重复已有的研究开始做研究。重复研究时，最好选择那些在权威刊物发表的或者权威学者发表的最新研究作为重复验证的"靶子"。

（五）科学性

科学性原则要求选择课题必须有事实根据或科学理论根据，科研选题并不是凭空想象，而是一个系统性、科学性的过程，遵循这个原则，可以保证科研的方向，课题也就有了成功的希望。课题的科学性，首先表现在课题应以基本原理为依据，使所选的课题有坚实的理论基础。没有一定的科学理论依据，选题可能具有较大的盲目性，因此，课题应纳入某个理论体系中加以研究和处理，使课题研究基于一定的理论基础之上。课题的科学性，其次表现在课题要以一定的经验事实为依据，使课题具有客观的现实基础。实践是认识的源泉，认识源于实践。科学研究作为一种特殊的认识世界的方式，其课题的产生也要基于人们的经验及经验赖以产生的客观事实。选题时，研究人员一定要以事实或科学的理论为根据，力戒选题的主观随意性、盲目性和虚假性。当然，事实开始总不完全，或者有变动和发展，理论也受着各种主、客观条件的限制，会随着实践的发展不断地推陈出新。创造性的新发现、新发明，常常发端于对已有事实理论的真实性进行批判性的重新审查。科学性原则要求我们既要尊重事实，又不拘泥于事实；既要接受已有理论的指导，又要敢于突破传统观念的束缚。

总之，课题选择既要强调创新性，又要兼顾可行性。这些原则中的任何一项都是正确选题所必须遵循的，同时满足这些基本原则的选题，才是最佳的、最有希望获得成功的选题。

二、研究课题的类型

根据出发点和根本目的的不同，心理学研究可分成基础研究和应用研究两大类。

（一）基础研究

基础研究以认识心理现象、探索心理活动规律、获得关于心理现象的新知识、丰富和完善心理科学知识体系为目的，而不直接考虑实际应用目标，其成果不要求必须有直接的实际应用价值，例如，词汇具体性对情绪名词效价加工影响的ERP研究（罗文波，齐正阳，2022）。对教育本质的考察、对现代教育课程论的研究、关于学生主体性的研究等，这样的研究探索性强，自由度较大，不确定性因素较多，研究往往不是直接为了了解当前教育教学急需解决的具体问题，其价值有时不能完全预见，但对于理论建构来说对教育的发展可能具有深远的意义。

（二）应用研究

基础研究在研究完成之后，其结果不能直接被应用，而应用研究则可以做到这一点。应用研究以某一特定的实际应用为目的，旨在解决特定的实际问题。通常是为了确定基础研究成果或知识的可能的用途，或是为达到某一具体的、预定的实际目的而确定新的原理、方法或途径。例如，教育部门提出的小学生阅读困难和学习失能问题、卫生健康部门提出的老年性痴呆早期诊断和失语症病人认知康复问题、司法部门提出的目击者证词可信度问题等，都属于应用研究。

三、研究课题的来源与选题策略

（一）课题来源

1. 实际需要

心理学主要是关于人的研究，凡是有人存在的地方，就有心理学问题需要研究，应该时刻关注社会实际需要，从实践中遇到的问题开始思考是否能发挥心理学的作用。例如，人口老龄化是当前全世界面临的紧迫问题，老年人口健康（包括心理健康）问题已迫在眉睫，就可以根据现实需求研究相关问题，如记忆老化、老年人代际支持等。另外，社会生产生活的各个领域都有大量的问题，需要心理学研究者来回答。例如，教育部以及各级教育主管部门和各级各类学校都关心校园周边环境的治理问题。然而，管理者多是从"治安管理"的角度来整治校园周边的不良环境，如关闭娱乐场所、禁止摆摊，但是鲜有学者认真地研究学生为什么要在校园周边逗留以及是什么因素让他们在此流连忘返。这就需要心理学专家为这一现实问题的解决提供研究依据和思路。研究者要有现实情怀，对实际问题敏感，从中发现学术生长点。

2. 理论需要

除了针对实际需要提出研究课题之外，研究者还可以针对理论需要提出自己的研究课题。科学理论是由若干命题组成的体系，它可能需要检验、争论和修正，这就提供了大量"理论性"选题。一般有以下两个角度。

（1）从暂时还看不到任何实际用途，但具有重要学术价值的基本理论问题中选取。

美国耶鲁大学的赫尔采用"假设—演绎"的思路，建立学习理论体系；该理论在他1943年出版的《行为的原理》一书中得以系统表达。在20世纪40年代末期至50年代初，有数千篇硕士论文和博士论文都是以他的一个或多个假设为基础、以检验理论为研究目的。由此，赫尔很快成为心理学研究文献中和学习心理学领军人物中在那一时期被引用最多的心理学家。

（2）从原有理论与新的研究成果之间暴露出来的矛盾中选取。

以"练习与认知灵活性的关系"问题为例，根据卡米洛夫 - 史密斯（2001）的观点，表征重述（指对心理表征的重新表征或加工）能够促进认知灵活性。因为表征重述过程导致内隐的程序性知识向陈述性知识转化，而后者是意识水平的、可以概念化的，因而可以更为灵活地迁移原有程序。但是，根据安德森的 ACT（思维的适应性控制）理论，以产生式作为构成单元的程序性知识，经过反复练习会变得自动化和专门化，而自动化和专门化通常意味着认知灵活性的降低，即难以将程序迁移到类似问题中。究竟二者孰是孰非？练习是增加了表征重述的机会而促进了认知灵活性还是相反呢？这就产生了值得研究的问题，于是有研究（辛自强，张丽、林崇德，池丽萍，2006）设计了近迁移和远迁移两类题目，以考察在练习背景中获得的表征能够灵活推广的程度。

3. 文献分析

文献分析是提出研究课题的重要途径之一。通过仔细阅读、评析现有研究文献，发现研究中存在的问题，就能以改进研究为选题目的。

首先，从现有研究忽略的地方或不足的地方开始新的研究。一般来说，一项研究所能回答的问题总是有限的，有所遗漏是正常的事情；发现什么问题尚没有解决，是提出课题的一个基本途径。在科学的知识体系中，有某些环节可能还不完善或者存在空白，这就要求后续研究补充上。例如，有研究（辛自强，池丽萍，2001）发现，24—56岁的成年男性和女性在情感方面表现出很大的差异，男性体验到的正向情感比女性多，负向情感比女性少。正向情感指合群、乐观、自尊、愉快等积极情感，负向情感如孤独、失败、无意义感等。而对18—20岁的青少年情感进行的研究发现，女性的正向情感显著地少于男性，负向情感多于男性（Chou，1999），对55岁以上的老年人的研究发现，在负向情感上存在显著的性别差异，女性的负向情感较多（刘仁刚，龚耀先，2000）。综合这些研究，可能暗示情感的性别差异存在跨越年龄段的一致性。然而，目前在情感发展的性别差异研究方面还没有一个较为系统的、跨越众多年龄段的研究，如果能从生命全程的角度对各年龄阶段的被试进行研究，就有可能证实这一规律的存在。

另外，在阅读和分析文献时，对文献作者所提及的研究中的偶然发现，应该格外加以注意。这种敏感性对于研究者来说是一笔宝贵的财富。例如，1928年，英国年轻的细菌学家弗莱明一次在研究葡萄球菌的实验中，偶然发现那次培养的细菌有一些菌落没有生长。他没有轻易放过这一现象，而是立即进行分析研究。他很快发现，在这次实验中，培养基被一种霉菌污染了。正是这种霉菌，消灭了培养基中的葡萄球菌。这种霉菌属于青霉菌属，由它所产生的能杀灭细菌的物质称为青霉素。这一偶然的发现，不仅为人类提供了青霉素这一良药，而且首次写下了抗生素这一光辉篇章。

（二）选题策略

对于有经验的研究者来说，提出一个又一个研究设想可能是非常容易的。但对于刚刚接触研究的学生会怎样呢？要从哪里获得选题？要从哪里开始寻找你想要追求的研究设想？

1.重视个人经历

个人经历和第一手资料通常会成为研究的催化剂。要做到这一点，研究者可以和某个行业或社会领域的人多打交道，了解其需要；通过媒体关注的热点问题，提炼选题；参与心理学相关的实践服务，发现实际问题。个人生活经验也可以成为选题的一个重要来源。例如，著名心理学家曾志朗博士有关生态动物对人的记忆的深入研究，就是受到了托尼·希勒曼描写印第安人的系列作品的触动。另外，与他人的各种形式的学术交流和讨论，都可能成为研究课题的重要来源。对研究者来说，敏感性是一笔宝贵的财富，而敏感性的前提是良好的理论素养。例如，参加了残疾儿童夏令营，促使你想了解更多的有效教育特殊儿童的方法；又或者，通过个人阅读，你很想知道老化的过程以及它对学习过程的影响。在考虑研究问题的总体范围和内容时，人们往往容易忽视自己的经历，也许你可能不会很快看到这些经历和研究活动间的关系，但是通过不停地阅读，也许你会找到建立它们之间联系的方法。

2.类比策略

类比策略是受到两对象相似关系的启发而产生的一种发现问题、确定研究课题的思维方法。捷克教育学家夸美纽斯在其17世纪完成的名著《大教学论》中，就是在把教育现象与自然现象作类比的基础上，根据自然规律提出了一系列教学原则。夸美纽斯的依据为：人是自然的一部分，人的成长遵循自然的规律；教育是模仿自然的艺术，故教育应遵循自然的规律。《教育社会学》《教育系统论》也是研究者运用类比的方法，前者是把学校类比社会，运用社会学的方法形成的；后者则是把学校类比成一个系统，运用系统的方法构建的。因此，通过类比可以发现存在的大量的问题，选择出大量的研究课题。

3.多读文献

研究是不断累积的。没有一个科学家是完全独立的，相反，他们都是站在别人的肩膀上继续进行研究。每个人的贡献总是小的，可能只局限在特定的领域。早期对语言发展的研究不能解答有关言语习得的所有问题，而现在的大多数研究也是在不断地完善先人的研究。把某一领域的所有研究结果汇总起来就形成了庞大的知识体系，这些知识被不同的研究者所共享，成为今后研究的基础。在一个特定领域中，总的知识大于该领域各部分的研究之和。因为不仅要了解新的研究进展，还要借助它们，通过多样的、富有成效的视角去审视其他研究发现，发现更多的研究课题。

第二节　问题与假设的提出

一旦选定了一个研究课题，接下来要做的事情就是提出具体、明确的研究问题，并建立研究假设，这样才能通过实证研究检验假设、解决问题，形成理论认识。本节阐述如何提出研究问题和假设。

一、提出科学的研究问题

问题的范围是非常广泛的，可以是社交媒体在同伴群体之中的影响，或具体到"社交媒体交易内容与被同伴接受"的关系。不管研究的内容是什么、研究的深浅如何，提出问题都是科学研究的第一步。

在确立自己的研究问题时，关键是学会将一般问题转化成一个可以研究的问题。不是所有的问题都可以转化为研究问题。例如，我们经常有很多"想法"，这可能是潜在的研究问题，但是将它们转化成真正有意义的研究问题并不总是很容易的。形成一个研究问题，需要在相应领域有丰富的知识，熟悉有关的研究方法，还需要长期思索，特别是在阅读与掌握已有文献之后，要能找到在现在的研究结果的基础上再深入下去的突破口，对于初学者来讲，在这方面是会有困难的。所以在开始时应多求得导师的指导和帮助，多与同学讨论，并且每次做研究时要有目的地学习如何才能形成一个好的研究问题。

一个研究课题往往包含了很多具体的研究问题，在实际研究中，某项单一的研究往往只能解决少数几个研究问题，在选定研究课题的大概方向和任务后，就要从中提炼出若干具体的研究问题。例如，"初中学生学习成绩分化的原因分析"这个课题，可以分化出造成初中学生学习成绩分化的原因，如某些学生身心发展的特点、学校教育、教学、家庭背景等因素。问题是整个研究工作所围绕的核心。确定研究问题后还要能用语言和文字把问题明确地表述出来。陈述科学研究问题时，要明确、具体、不笼统、不模糊。例如，要研究小学生的估算能力，就不要笼统地将问题表述为"小学生数概念发展的研究"，问题表述得越具体、越明确，就越能得到经验事实的检验，因而更具科学价值。问题的陈述必须尽可能地准确，问题越具体和明确，越能够让我们有针对性地准备文献，设计详细的研究方案。研究问题是研究设计的出发点，它是研究设计的中心，影响研究的所有方面。

另外，在提出新的研究问题时要注意区分问题的性质，确保研究问题属于"科学问题"。心理学作为一门实证科学，处理的是具体的、可检验、可证伪的问题，即"科学问题"。比如"父母对子女的教养方式有哪些类型""暴力电子游戏对攻击行为有何影响"等，这些问题有可能通过实证的方式加以解决，即是科学问题。另外，科学理论或科学问题，应该是可以证伪或可以否证的。所谓可证伪，指一个理论或假说应该可能被观察到的经验事实所否定，或者证明是错的。如果无论观察到什么样的事实，都可以用这个理论假说来解释，无论面对的是正面事例还是反面事例，这个理论假说总是能"自圆其说"，那么它就不能被证伪，也就不属于"科学理论"，所谓科学理论或假设，应该是可以被否证的。研究问题不仅是研究者的疑惑和困难，也是整个研究活动的指南。研究的目的就是要通过收集和分析有关资料或实证来回答提出的研究问题。既然研究问题是行动的方向和中心，那么研究问题必须明确具体，要有较好的操作性。

【延伸阅读】

敲门的节奏[1]

下面假设一个例子来展示可证伪性标准是如何起作用的。一个学生在敲我的门。跟我同一办公室的同事有一套"不同的人以不同的节奏敲门"的理论。在我开门之前，我的同事预言门后是一位女性。我打开门，这个学生确实是女的。事后我告诉我同事，他的表现令我惊叹，但这种惊叹程度非常有限。因为，即使没有他的所谓"敲门节奏理论"，他也有50%的正确概率。他说他的预测能高于随机水平。另一个人来敲门，我的同事预测说，这是个男性，而且不到22岁。我打开门，果然是个男生，而且我知道他刚从中学毕业。我承认我有点被震撼了，因为我所在的大学有相当数量的学生是大于22岁的。当然，我仍然坚持说校园里年轻的男性相当普遍。见我如此难以被取悦，我的同事提出做最后一次测试。在下一个人敲门之后，我的同事预测：女性，30岁，5英尺2英寸高，左手拿书和挎包，用右手敲门。打开门后，事实完全证明了同事的预测，对此我的反应截然不同了。我不得不说，如果我的同事不是使用诡计事先安排这些人出现在我门口的话，我现在的确非常震惊。

为什么我的反应会不同呢？为什么我同事的三次预言会让我产生三种不同的从"那又怎么样？"到"哇哦！"的反应？答案与预测的具体性和精细度有关。越精细的预测在被证实的时候会给我们越大的触动。要注意，不管怎样，精细度的变化和可证伪性直接关联。预测越具体和精细，有可能证伪它的观测现象就越多。例如，有很多不是30岁和5英尺2英寸高的女性。请注意这里的暗示：从我截然不同的反应可以看出，一个能够预测出最多不可能事件的理论最容易将我征服。

好的理论作出的预测总是会显示自己是可证伪的。坏的理论不会以这种方式把自己置于危险的境地，它们作出的预测是如此笼统，以至于总会被证明为正确的（例如，下一个来敲我门的人会是100岁以下），或者，这些预测会采用一种能

---

[1] 基思·斯坦诺维奇. 对"伪心理学"说不. 窦东徽，刘肖岑，译. 北京：人民邮电出版社，2012：25-26.

免于被证伪的措辞方式。事实上，当一种理论被置于"不可被证伪"的保护下，那么可以说它已经不再是科学了。事实上，哲学蒙卡尔·波普尔正是由于试图界定科学和非科学的区分标准，才会如此强调证伪原则的重要性。

二、研究假设

有了研究问题后，可以将其转化为一个或一系列假设。研究假设是研究者根据经验事实和科学理论对所研究问题的规律或原因作出的一种推测性论断和假定性解释，是在进行研究之前预先设想的、暂定的理论，简单地说，即研究问题的暂时答案。它可能得到验证，从而转变成研究结果和结论，也可能被推翻或放弃。虽然一个研究假设可以反映很多其他信息，但是它最重要的功能应该是以问题陈述的方式阐明进行一项研究的基本目的。假设能帮助研究者明确研究的内容和方向，通过逻辑论证使研究课题更加明确，并按确定目标决定研究方法和收集资料，指导心理学研究的深入发展，以避免研究的盲目性。这就是在研究问题上花费时间和精力显得如此重要的原因。对研究问题的思考，可以指导建立假设，反过来也可以用来检验假设以及回答研究问题的方法。

（一）研究假设的特征

科学研究中的假设一般应具备以下特征。

1.以科学的理论为基础

假设的提出要有一定的科学根据，建立在明确的概念、已有的科学理论和科学事实的基础上，并且得到了一定的科学论证，与早先的正确研究结论是一致的，而不是毫无事实根据的推测和主观臆断。假设就是在此基础上做出的推理，是一种有根据的猜测。一个好的假设会和已存在的文献和理论有实质的联系。例如，已有文献表明父母知道孩子在有序的环境中得到照看会有更高的工作效率。了解这些就可以假定放学后儿童照看计划能提供父母所寻求的安心，父母就会集中精力工作而不是不断地打电话确定他们的孩子是否安全到家。

2.表述明确

陈述假设时在概念上要尽量使用操作定义或意义明确的术语，做到表意精准，概念要简单，表述要清晰、简明、准确，条理分明，结构完美，假设命题的本身在逻辑上是无矛盾的。假设应该以陈述句的形式描述变量间的关系，并且尽可能简练（扼要）。你的陈述越是简练扼要，人们就越容易阅读你的研究，明确理解你的假设是什么以及重要变量是什么。实际上，当人们阅读和评价研究时，大多数做的第一件事就是找到假设，以便很好地了解研究的一般目的和研究是如何进行的。

3.可以被检验

提出的"假设"是研究的理论部分，它必须能被经验研究所检验，要么能证实，要么能证伪。假设必须是可检验的，验证推测性的正确程度和可靠性。一个原则上不可检验的陈述是没有科学价值的，因而也就不是一个科学假设。

假设是在不完全或不充分的经验事实基础上推导出来的，是有待实践证实的，因而与正确的理论不同，它对一定的行为、现象或事件的出现作试验性的、合理的解释，因而有一定的预测性。假设本身正是科学性和推测性的统一、确定性和不确定性的统一。一个好的有价值的研究假设的提出是要经过一个过程的，研究者要在研究过程中不断修改、完善研究假设。

（二）研究假设的类型

1. 按复杂程度分类

（1）描述性假设

描述性假设是关于对象的大致轮廓和外部表象的一种描述；目的是向人们提供关于事物的某些外部联系和大致数量关系的推测。

（2）解释性假设

解释性假设揭示事物的内部联系，以说明事物的原因。

（3）预测性假设

预测性假设是对事物未来的发展趋势的科学推测。这种推测没有对现实事物更深入、更全面的了解是提不出来的。

2. 按假设中变量关系变化的方向分类

（1）条件式假设

条件式假设是指假设中两个变量有条件关系，在表述上采用"如果……那么……"的标准逻辑句型，即"如果x，则y"。如果x这个先决条件出现，则y这个结果出现。以挫折和攻击的关系为例，可以提出假设"如果被试遭受一定强度的挫折，则会表现出攻击行为"。此外，这种条件式陈述也可以表示相关关系。

（2）差异式假设

差异式假设是指假设中两个变量之间在一定程度上存在差异关系。在心理学研究中，其基本形式为"A组与B组在变量x上有（或无）差异"。例如，假设"接受团体辅导的实验组比未接受辅导的对照组在考试焦虑上有差异""女性比男性宗教信仰程度更高""左利手者比右利手者创造性更强"。

（3）函数式假设

函数式假设是指假设中两个变量之间存在因果共变关系，并且用数学形式表达，即$y=f(x)$，即y是x的函数，若x发生变化，则y也按照某种规则随之发生变化。在心理学也有很多典型的例子，如心理物理学中的费希纳定律，其公式为

$$S=K\lg R$$

式中，S是感觉强度，R是刺激强度，K是常数。

这个定律说明了人的感觉，包括视觉、听觉、肤觉、味觉、嗅觉等，不是与对

应物理量的强度成正比，而是与对应物理最强度的常用对数成正比。这个定律在获得确认之前，就是以一种函数形式表达的，即假定心理量是物理量的对数函数。

3.按假设的性质分类

（1）一般假设

一般假设是推测一般种类之间关系的假设，指向普遍的、抽象的、可推广的事例。

（2）特定假设

特定假设是推测特定对象之间关系的假设，指向个别的、特定的、具体的事例。

（3）虚无假设

虚无假设又称统计假设，是推测某种不存在的、无倾向的关系的假设，指向中性的、无差异的、无区别的事例。虚无假设的本意是想通过事实的检验来否定自己，否定了虚无假设，结果的倾向性也就明显地显现出来了。

4.按假设在表述变量关系上的倾向性分类

（1）定向假设

定向假设表示群体之间存在差异，而且差异的方向是确定的。例如，12年级学生的ABC记忆测验的平均成绩比9年级学生的平均成绩高，研究假设是有方向的，因为这两个群体之间差异的方向是确定的，一组的成绩被假定高于另一组。

（2）非定向假设

非定向假设表示群体间存在差异，但是差异的方向是不确定的。例如，9年级学生的ABC记忆测验的平均成绩不同于12年级学生的平均成绩，研究假设是没有方向的，也就是说这两个群体之间差异的方向不确定。非定向假设在陈述中不提示假设结果的预期方向，而是期望通过收集数据、检验结果来揭示变量间的差异。

（三）研究假设的检验

研究假设是一种试验性的理论，建立研究假设的目的，是为了用实际经验检验它，使之成为确认的理论。在实证研究中，研究者通常以对经验资料（数据）的统计来检验它。研究假设通常假定某种现象或变量关系存在或者某种差异存在。例如，研究者基于自己的经验和已有的认知加工过程模型，提出了一个研究假设——"选择反应时要长于简单反应时"，即反应时（因变量）与任务条件（自变量）之间有关系。然而直接去证明这种想要证实的研究假设在逻辑上和数学上存在困难，所以需要提出与研究假设相反的"零假设"，即假定两个变量没有关系，如假设"选择反应时不长于（等于或小于）简单反应时"，零假设可以在统计上直接加以检验，若零假设被拒绝，则与之相反的研究假设被间接证明，可以接受。

假设检验的基本思想是"小概率事件"原理，其统计推断方法是带有某种概率性质的反证法。小概率思想是指小概率事件在一次试验中基本上不会发生。所谓反证法，是先提出检验假设，再用适当的统计方法，利用小概率原理，确定假设是否成立。就是在要证明一个命题时，先假设与该命题的"结论"相反的结论成立，然后利用已知的条件或已知的定理进行一系列推理，如果这些推理在逻辑上都是无懈可击的，而最后推导出一个与某一已知定理或者已知条件相矛盾的结果，那么就证明了所要证明的命题。在统计学中，假设检验采用的方法是，在假设"零假设H0成立"的条件下，构造某个事件A，它在H为真的条件下发生的概率很小。现在进行一次试验，如果事件A发生了，则拒绝零假设H0。为什么拒绝H0呢？如果H0是对的，则A一定是小概率事件（概率很小的事件，在一次试验中几乎不会发生的事件），这是在H0成立的假设下，根据数理统计中的已知定理进行无懈可击的推理之后得出的结论。既然A是小概率事件，在做一次试验时它就不该发生，现在仅做一次试验，事件A就发生了，这与小概率事件原理相矛盾，从而拒绝H0。

　　假设检验中所谓"小概率事件"并非逻辑中的绝对矛盾，而是基于人们在实践中广泛采用的原则，即小概率事件在一次试验中是几乎不发生的，但概率小到什么程度才能算作"小概率事件"，显然，"小概率事件"的概率越小，否定原假设H0就越有说服力，常计这个概率值为α（$0 < \alpha < 1$），称为检验的显著性水平。对于不同的问题，检验的显著性水平α不一定相同，一般认为，事件发生的概率小于0.1、0.05或0.01等，即"小概率事件"。但是，概率很小的事件并不是绝对不发生，在类似买彩票撞大运的情况下，小概率事件在罕见的情况下也会发生，这时根据事件A的发生与小概率事件原理矛盾而拒绝零假设H0就犯了错误，犯这种错误的概率就是小概率事件发生的那个概率。可见这种反证过程并不是完全可靠的，包含了犯错误的风险，只是一种概率反证过程，即，用反证法作出拒绝零假设的决定，几乎每次都是对的，但在少数情况下，也可能犯错误，错误地拒绝了实际正确的零假设。

第四章
研究设计

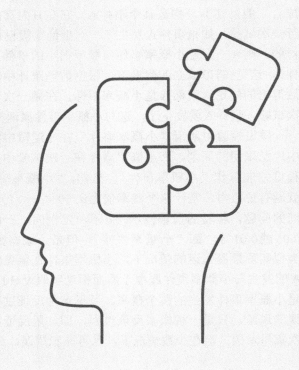

进行心理学研究，需要有周密的设计和准备。科学研究是一种求知方式，一项研究的结果是否可信，是否能有效拒绝或支持理论假设，这取决于研究的设计方案或计划是否完善。如果研究在设计上存在缺陷，就会威胁到所获得结果的价值，因此，研究者在正式实施一项研究之前必须先行精心设计研究方案，考虑到各种可能威胁研究质量的问题，才能确保研究达到预期目的。本章着重介绍和讨论各种研究设计的类型、过程以及研究效度、概念操作。研究类型的选择，取决于研究课题的性质与要求；研究设计过程中，需要考虑研究的每一步骤的特点，从而制订出全面的计划。研究评价的重要标准是研究的效度，在研究设计阶段就要考虑和注意影响效度的各种因素，这将在很大程度上提高研究的质量。

第一节　研究设计的概述

科学研究需要做到"预"，确定好计划，设计好方案，预想到问题，否则科学研究就可能失败。研究设计是一个预先的准备过程，它是指为了能够以较少的人力、物力和时间来获取客观明确可靠的研究结论而制订出的周密的、科学的整个研究工作的计划和安排（董奇，2004.）。研究设计向人们展示研究者将如何进行研究的概貌，是科学研究工作中至关重要的一环。

一、研究设计的内容

研究设计的内容涉及：提出问题，形成假设；确定变量；选择研究对象和被试；选择研究工具和仪器；确定数据、资料的收集方法、设计方式；拟定数据统计分析思路和方法；预期可能的结论和讨论思路。以下着重讨论其中几个方面的内容。

（一）提出问题

研究设计首要的，也是最重要的一步就是提出问题或者是有个明确的目标。这些都是出于人们的好奇心，却又激励着人们去寻找答案。例如，基于行为主义学习理论，我们关心如下问题："教师的正强化是否能增加学生的学习动机"。一个有价值的研究问题的提出，是整个研究的发端。又或者，你可能十分好奇地想知道社交媒体，如微信和QQ，对儿童与其同伴之间的关系产生何种影响；也可能非常迫切地想知道如何有效地利用各种媒体来教育家长重视家庭教育。问题的范围是非常广泛的，可以是社交媒体在同伴群体之中的影响，或具体到"社交媒体交易内容与被同伴接受"的关系。不管研究的内容是什么、研究的深浅如何，提出问题都是科学研究的第一步。研究是从问题开始的，本书前面已经仔细讨论过如何基于文献综述提出研究问题，形成研究假设，这些都是研究设计必须做的基本工作。

（二）假设的形成

提出研究问题之后，研究者常常要对可能的结果进行预测，建立起研究假设。因为科学研究是遵循"假说—验证"的方法进行的，即"大胆假设—小心求证"。这里可以假设"正强化能够有效增加学生的学习动机"，明确了一项研究要解决的问题，要验证的假设，也就明确了一项研究的目的，此后的实验设计工作主要侧重这一目的的达成。

（三）研究变量的确定

研究变量就是研究者根据研究目的确定变量。首先，研究者必须清楚这些研究变量的性质和特点，比如，研究变量之间是因果关系还是相关关系，它们是主体变量还是客体变量，是可操作的变量还是不可操作的"自然"分组变量（如被试的年龄、性别、社会经济地位），是直接测量变量还是间接测量变量。其次，选择研究变量的同时，必须辨别无关变量。若考虑到某些无关变量可能对研究结果有影响，就要在研究过程中加以控制。另外，还需确定研究变量的数目和水平。变量数目不同对具体实验设计、统计方法的要求也不同，所以在选择研究变量时，需要根据研究的目的和条件确定变量数目，列出研究变量表。

（四）研究对象（被试）的选择

一般来说，研究者应该根据所关心的问题的性质、所希望的研究结果的概括程度来选择被试。心理学中的研究对象，大多被称为"被试"，包括接受实验或被调查的人或其他动物（如大白鼠、猴子）。研究对象和被试总体确定后，首先要准确描述该总体的内涵和外延，即明确被试总体的本质特征和范围。例如，研究学生的学习动机时，这个"学生"究竟指什么，具体指具有什么特征的人群，这些都要准确描述。这将决定如何抽取被试样本，以及究竟在多大范围内推广研究结论。

（五）研究工具和仪器的选择

在研究中，研究者须根据研究主题选择合适的工具和仪器。工具和仪器的选择一般也应以经济实用为原则。首先，研究程序涉及很多细节问题，如每个刺激的呈现时间、不同刺激的间隔时间、对被试的反应（是否给反馈）等。这些细节都应该是充分参考文献中的方法细节，经深思熟虑之后确定。心理学家已经开发制作了各种现成的量表，如瑞文推理测验、韦氏智力测验、卡特尔16种人格量表、自我效能感量表、学习动机量表等。1879年，冯特建立了第一个正式的心理实验室，这标志着科学心理学的诞生。冯特用反应时仪器来测量认知过程的时间。反应时仪器包括实验心理学研究常用的各类仪器（注意分配仪、速示器），认知神经科学研究者常用的脑电仪、眼动仪，儿童心理家需要的视崖、守恒实验材料等。过去的100多年间，这种仪器的精确性和准确性得到了极大改进。其次，在没有现成工具可用的情况下，研究者需要自行设计制作必要的工具和材料，如编制量表、制作简单的仪器或实验耗材（如实验字词卡、题卡）等。研究设计中要充分介绍可能用到的工具和仪器，包括其型号、有效性、用途等。

（六）数据、资料的收集方法

在心理学研究中，可采用的收集事实与数据的方法是多种多样的，比如，实验法、访谈法、观察法、问卷法等。每种方法又可选取不同的设计方式，研究者应了解这些方法、设计方式各自的优点与不足，根据研究目的、被试特点、研究的主客观条件，选择最恰当的方法、设计方式去解决课题所提出的具体问题。在实际研究中，提倡多种方法的综合运用，以相互取长补短，提高研究效度。

（七）数据整理与统计分析思路的考虑

在研究设计中，要初步考虑如何对收集到的研究数据、资料进行编码和整理，将用什么方法进行统计分析，统计方法和理论模型如何对接。研究结果的分析应该与研究的理论构思联系在一起，针对研究目的，作出适当的定性或定量分析。统计方法有很多层次：描述一个事物的特征；描述两个事物的关系；比较两个事物的异同；寻找一个事物的影响因素；探讨很多因素的关系；对关系的比较；对系统的比较等。心理学研究中常用的有：多元回归分析、因素分析、判别分析、典型相关分析、聚类分析和复方差分析等。研究究竟在哪个层次上分析以及具体用何种统计方法，研究设计时都要有所考虑。

（八）对数据理论意义的讨论和结论的推论

从数据到理论是任何一个完整的研究都不可缺少的基本环节。结果和结论是有区别的，前者是指数据本身，而后者则是数据在理论意义上的升华。结果永远不能取代结论。

研究设计是一项非常复杂的专业工作，所涉及的内容也不止上述几个方面。有些重要内容，如研究设计类型、研究设计的效度、概念操作化等，接下来作详细介绍。

二、研究设计的类型

研究设计从不同的角度又分为不同类型，下面结合例子介绍各种研究设计的特点。

（一）相关研究与因果研究

按照研究所考察的变量关系的性质，可分为相关研究和因果研究。

1.相关研究

相关研究是根据与研究对象有关的各种因素之间的相互关系就对象特征和行为

作出解释和预测的研究，旨在确定变量之间的关联程度、共变关系或一致性。在相关设计中，从一个总体中随机取样，然后对其中每个被试都测量两个或更多变量，继而计算能反映变量关系性质和强度的有关统计值，如相关系数、决定系数、回归系数等，以此确定变量的共变关系。

最常用的研究指标是皮尔逊积差相关系数。此外，等级相关系数、偏相关与复相关系数也在相关研究中普遍使用。在选用研究指标时，应根据研究的目的，认真考虑研究中变量的性质、数据的特征、各变量之间的关系等方面的条件。应特别注重研究中的原始数据是否满足相关分析的基本统计假设。

在心理学研究中，可以运用相关研究，考察企业职工的工作满意度与工作效率之间的关系，或者分析学生的学习投入与父母教育期望之间的关系等。一般来说，在研究初期多用相关研究，以便发现和了解有关变量之间的基本关系，进而开展更深入、严格的研究。例如，考察一组被试的自我效能感和学习动机的关系，就可采用相关设计。如果是组间的被动设计，则从两个总体中随机抽取样本，使用检验或方差分析考察某个变量上两组被试的平均得分是否有显著差异，由此推论出两总体是否存在均值差异。比如，可以借此考察男生和女生在学生学习动机上是否存在性别差异。又比如，有一项研究发现，头围与词语回忆的成绩之间的相关为 $r=+0.70$，是不是能够说头围大，记忆的词语就多呢？进一步的研究表明，头围大并不一定是记忆能力强的原因，一些其他的因素实际上在起作用，其中比较重要的变量是年龄，人们的头围随着年龄的增长而加大，记忆能力也随着年龄的提高而改进。因此，进行相关研究时，还应注意其他变量的影响和作用，避免被表面的高相关所迷惑。

【案例】

幼儿的情绪表现规则知识发展及其与家庭情绪表露、社会行为的相关研究[1]

情绪表现规则知识是引导人们调节情绪表达的知识，使人们认识到个体表达的情绪与内部体验的情绪可能存在不同，表达的情绪或扩大、或缩小、或替代了真实情绪。家庭环境、社会行为可能在帮助幼儿获得情绪认知和有效的情绪调节能力上起着重要作用。

该研究运用问卷调查和访谈的方法，考察了112名3～6岁幼儿情绪表现规则知识的发展、家庭情绪表露、社会行为的情况及三者之间的关系。结果表明：幼儿面对父母、同伴、教师等不同在场者时具有不同的情绪体验；家庭情绪表露与

---

[1] 何洁，徐琴美，王旭玲. 幼儿的情绪表现规则知识发展及其与家庭情绪表露、社会行为的相关研究[J]. 心理发展与教育，2005（03）：49-53.

幼儿的人际支持存在显著正相关、与工具支持的结果预期存在显著负相关。另外，倾向于掩饰消极情绪的幼儿表现出更多的亲社会行为，而那些认为表达消极情绪会带来不良结果的幼儿表现出更多的害羞退缩行为。

另外，相关系数本身并不能说明因果关系，这是在进行相关研究时应特别注意的。例如，可以通过同伴提名法测得儿童的同伴接受性，通过量表法测得儿童的问题行为，通常可以发现儿童的问题行为越多，同伴接受性越差。但是并不能因此认为哪一个变量是原因，哪一个变量是结果，因此不能通过相关研究得出因果性的结论。例如，许多心理学研究证明，工作满意感和工作成绩之间存在较高的正相关，可是究竟是工作满意感引起好的成绩，还是由于高成绩产生了满意感和积极的情感呢？这就不能光用相关研究来解决。人们因此进行了实验研究，证明当奖励和成绩的关系较紧密时，高工作成绩往往导致工作满意。相关研究所揭示的变量关系只是相关关系，但两个因素相关不意味着一种因素与另一种因素有因果关系。

2. 因果研究

因果研究旨在确定变量之间的因果关系，以揭示现象产生与变化的原因。其主要途径是实验法，以"主动的"实验操控为基础，通过系统地操纵或创造某个实验条件（自变量）来考察这个条件产生的后果（因变量），同时排除其他可能的解释，从而确定实验变量之间是否存在因果关系。实验法不同于相关研究，可明确区分出事物产生的原因与结果。使用实验法可以作出这样的判断：A确实引起了B的发生，或者说A并没有引起B的发生。相关研究不能够提供这样的假设，尽管可以用来解释不同变量之间的关系，但却不能确立变量之间的因果关系。例如，要研究暴力电视的特点对儿童攻击性行为的影响。让实验组儿童观看的电视短片是一个很凶悍的人在一个房间里狠命攻打一个玩偶，然后洋洋得意地走掉，而对照组儿童看到的情景是一个人攻打完玩偶后，得到了别人的惩罚和指责；然后，把儿童带到与电视场景相似的有玩偶的房间里，看他们是否表现出攻击行为。结果发现，实验组儿童比控制组儿童表现出更多的攻击行为。如果其他无关变量控制得较好，就可以认为，暴力电视的不同特点（攻击行为的结果不同）是导致儿童观看后攻击行为多少的原因。

实验和准实验是因果研究的主要类型。实验的主要特点是能够对研究变量进行严格的控制，从而决定自变量的变化是否引起了因变量的差异，作出有关心理现象的因果解释。为了加强研究的效度和提高研究结果的普遍意义，心理学家越来越重视现场研究。20世纪60年代以来，在心理学的各个领域，越来越多地采用了"准实验"这一研究类型。准实验是在现场条件下经常运用的研究设计，它与实验的主要区别在于，准实验中没有运用随机化程序进行被试选择和实验处理。实验中不必拆散原有的学习或工作小组，而是直接以原小组作为研究中的实验组或对照组。

【案例】

感知觉加工与概念加工对联结记忆中图片优势效应的影响❶

本研究为真实验设计，实验选取平均年龄为20.83岁的60名本科生作为研究对象，将被试随机分配到清晰组和模糊组，每组30人，采用联结再认范式考察联结记忆中感知觉水平和概念加工程度对图片优势效应的影响。实验分成两个部分，采用2（模糊水平：清晰、模糊）×2（项目类型：图片对、词语对）的混合实验设计。其中，模糊水平为组间变量，项目类型为组内变量，项目和联结的再认正确率为因变量。实验1通过呈现清晰与模糊的词语或图片对操纵感知觉水平，结果发现只有在清晰条件下图片优势效应才会出现；实验2则在模糊条件下通过要求被试想象两个项目之间的关系操纵概念加工程度，结果发现在有概念加工条件下，出现了图片优势效应。结果表明：降低感知觉水平会导致联结记忆中的图片优势效应消失；对模糊项目对进行概念加工会使联结记忆中出现图片优势效应。

在这种主动的操控实验中，虽然也借助检验或方差分析考察某个因变量上实验组、控制组被试均分是否有显著差异，但能否得出因果结论，并不是由统计程序决定的，而是由实验设计的逻辑（如是否做实验性操控）决定的。

（二）发展研究

发展研究多半是描述性的，着重于说明和解释心理活动与事件发展及主要因素之间的关系和条件。发展研究既涉及描述一定情境中心理、社会和组织等各种因素的相互关系，也试图说明这种关系随时间发展所出现的变化。由于发展研究以发展的观点考察对象，因而更容易发现和把握心理活动的动态特点和发展规律。发展研究主要有三种类型：纵向研究、横断研究和聚合交叉研究。

1. 纵向研究

纵向研究是从时间纵深的发展过程来考察研究对象。是在较长的时间内，对一个或若干个被试反复地、系统地进行观察、测量和实验研究，并随时间的进程记录他们心理的发展变化。无论是教育、儿童还是管理心理学的研究中，都越来越多地采用纵向研究的设计。纵向研究的一个典型案例是美国心理学家推孟于1921年开始的对1528名超常儿童进行的纵向研究，当年这些儿童平均年龄11岁，智商在135～200（平均151），并设置了对照组，对他们从童年，经过少年、青年和成年，直到老年的生活进行追踪，积累了较完整系统的资料，涉及宗教信仰、政治观点、疾病、婚姻、情绪、职业等诸多方面。追踪研究结果表明，800名智力超常的男性被试中，事业有重要成就（如获得博士学位、进入名人录等）的比例比另外随机抽

---

❶ 郭若宇，毛伟宾，牛媛媛. 感知觉加工与概念加工对联结记忆中图片优势效应的影响[J]. 心理科学，2021，44（06）：1290—1296.

取的同龄男性高出10 ～ 30倍（转引自彭聃龄，2004.）。这些超常被试还被进一步追踪，追踪时间超过了60年。

【案例】

沿海某省城市居民主观幸福感纵向研究 [1]

本研究在沿海某省取样，对该省城市居民主观幸福感进行了历时三年的纵向研究。被试选取采用了多阶段分层抽样的方法，将该省所有17个地市作为抽样筐，根据该省的地理分布、文化差异、经济社会发展及对外开放程度将该省分为半岛地区和内陆地区。在这两类地区中分别抽取了6个城市作为抽样点，以这6个城市所辖的全部区县为抽样筐，分别随机抽取三个区县，共得到18个抽样点，在第三阶段每个县市区根据其代表的抽样区域的调查对象总量（调查日前年满18周岁的城镇居民）按比例分配抽样数。调查工作分别在2002年5月、2003年7月、2004年9月完成，历时三年。采用中国城市居民主观幸福感量表简本（SWBS-CC）和生活领域满意感量表（DSWLS），团体测量与个别测量相结合的方式，由经过专门培训的调查人员组织实施。对该省城市居民主观幸福感的动态考察表明，SARS（注：2003年曾在我国广泛传播的一种冠状病毒）对城市居民主观生活质量的负面影响是明显的，SARS过后人们的心理健康体验有升高的趋势，当前客观物质条件仍然对人们的主观生活质量产生突出的影响。

虽然纵向研究有利于探讨个体发展过程的连续性和阶段性特点，弄清心理的发生和发展、量变和质变的关系及发展的转折期等问题，但由于存在研究时间长，被试出现升学、搬迁、疾病等，流失现象常常是一个难以克服的问题。在进行纵向研究时，应特别注意使研究对象尽可能保持原有样本，避免更换被试。

2.横断研究

横断研究是指在同一时间内，对不同年龄个体的某些方面的心理特征进行观察、测量和实验研究，探讨发展的规律和特点。横断研究最突出的优点是研究时间相对较短，且可以同时大规模取样，能在较短时间内获得大量的数据，省时省力。另外，由于取样规模大，样本更具代表性；由于时间短，所得结果不易受时代变迁的影响。横断研究在教育心理、儿童心理和管理心理研究中得到了广泛应用，可以在较短时间里有效地了解和把握学校各类学生的心理特点、不同年龄阶段儿童的认知和语言能力或企业各组织中各类职工的工作态度、需要和技能等特征。

纵向研究是在不同时间研究同一批被试，在不同年龄上的数据来自同一批被试；横断研究是在同一时间研究不同年龄被试，在不同年龄上的数据是若干组被试拼凑起来的，并非真正的"发展性"数据。横断研究最大的争议是不同年龄个体心

---

[1] 邢占军.沿海某省城市居民主观幸福感纵向研究[J].心理科学，2005（05）：1072-1076.

理特征的可比性问题。如何证实不同组儿童心理特征的差异是发展的结果，而非其他原因所致？也就是说，这种"发展性"的差异，是否仅仅因为不同被试组之间存在年龄差异？这是横向研究难以回答的问题。

3.聚合交叉研究

用纵向研究得花较长时间测试不同年龄的同一组群儿童在整个儿童期的行为发展，会有时间长、跨度大、费时费力、被试容易流失等问题；用横断研究又不能了解儿童个体行为的稳定性。为了克服纵向研究与横断研究各自的局限性，研究者提出了将二者相结合的聚合交叉设计。聚合交叉研究可以克服横断研究和纵向研究各自的不足，使得研究者可以在短时间内了解各年龄段个体心理特点的总体状态，又可以从纵向的角度把握某一心理特征的发展变化规律。例如，有关青少年和成人性别角色观念的研究所采用的一个聚合交叉设计，首次测量在1980年进行，被试是分别来自10岁、15岁、20岁、25岁总体的4个被试样本，此后每隔5年测量一次。显然，1980年、1985年、1990年、1995年进行的4次测量，每次都构成一个横断研究；而对于每一组被试而言，他们分别都被追踪了15年，并且每隔5年进行了一次测试，这样实际上做了4组纵向研究。林崇德对小学儿童数概念与运算能力发展的研究（1984）也是采用这种研究方法进行的。在对450名一至三年级小学儿童数概念与运算能力发展的研究中，研究者运用课堂测验或数学竞赛的方式，由数学教师为主试，使用同一指导语，对研究对象进行观察和问卷调查。该研究选择了3个年级，利用3年时间进行纵向追踪，在3年时间内完成了对一至五年级小学儿童的全部追踪研究，不仅缩短了研究时间，而且获得了有关小学儿童数概念和运算能力发展变化的数据。

聚合交叉研究相对比较复杂，测量程序的要求也比较高，但这种设计有许多好处，比如，收集资料的时间比较短，样本损耗小，容易使研究变量、测量工具和程序保持一致，并使不同社会生活经验的影响得以适当控制。许多研究表明，聚合交叉研究设计在有关心理特征发展、个体差异特别是智力、能力和个性的研究中，具有很高的应用价值，已经在发展心理、教育心理、管理与劳动人事心理和普通心理等领域的研究中运用。

第二节　研究设计的效度

如何评价一个研究设计的好坏呢？这涉及研究的效度问题。效度在心理测验领域主要指一项测验测到所要测量的东西或达到某种目的的程度，即测验的有效性。1957年，社会心理学家坎贝尔（D. T. Campbell，1916—1996）第一次明确提出研究的效度问题。1966年，他在自己的专著《研究的实验和准实验设计》中，借用了测验领域的"效度"概念，把研究效度作为设计与评价各种研究的理论框架，并系统地应用于研究和实验设计质量的衡量。1979年他与合作者将研究效度区分为4种类型：研究中的自变量与因变量之间的关系属于内部效度；因果关系的构思性质涉及研究的构思效度；变量之间关系的普遍意义则是研究的外部效度。在变量之间判定因果关系，这是统计结论效度。可见，研究效度在研究的设计、实施与评价等活动中具有重要意义。本节将从内部效度、外部效度、构思效度和统计结论效度这4个方面介绍研究设计的效度问题。

一、研究的内部效度

（一）内部效度的定义

研究的内部效度是指在研究的自变量和因变量之间存在关系的明确程度。如果一项研究的结果，即因变量的变化只能由自变量的变化来唯一地解释，那么二者的关系就是明确的，研究具有较高的内部效度；反之，任何威胁到这种解释的唯一性的因素，都会造成内部效度的损害或降低。坎贝尔（1957）曾经把内部效度定义为"实验的刺激确实造成特定情况下的某种显著差异"。要做到这一点，就必须在进行研究或实验的设计和实施时注意排除干扰因素。

内部效度的获得主要是通过认真细致的变量选择和准确周密的研究设计。这里包含两方面含义：一是正确选择了研究的自变量和因变量，这样才可能作出这些变量间因果关系的陈述。如果研究中没有明确的自变量、因变量，就很难保证研究的内部效度。二是通过准确周密的研究设计，控制了干扰因素的影响，突出了自变量与因变量的关系。通常影响研究内部效度的干扰因素有很多，需要运用多种设计措施控制这些影响因素，突出自变量与因变量之间的关系。在选用不同研究类型时，应注意各种研究类型的弱点，善于利用它们的优点，为探测和验证各种变量之间的关系服务。

（二）影响内部效度的因素

在心理学研究中，影响内部效度的因素有很多，主要包括以下几个方面。

1. 历史因素

历史因素是指在研究过程中恰好与实验变量同时发生并对实验结果产生影响的因素。例如，要研究某种促销方式是否影响消费者的购买行为，研究选择的时间点是春节前的购物高峰期，这时即便发现促销后购买行为增加，也不能在促销和购买行为之间建立有效的因果联系，因为无法排除节日购物需求这样一个历史因素的干扰。历史因素可以分为前摄历史因素和后摄历史因素两类。前摄历史因素包括被试固有的和习得的差异，比如性别、工龄、经验、身高、体重、态度、个性、运动与心理能力等。后摄历史因素是指在研究测量以外可能影响自变量和因变量之间差异的因素。这常常是由于研究中未控制因素的干扰，使因变量发生变化，而不是实验处理本身所造成的差异。

2.成熟因素

成熟因素是指在研究期间，由于被试自身的生理与心理发展、成长（技能、知识，经验等）或变化而引起的系统变异，如变得更为成熟、自然改善、疲倦或对实验丧失兴趣等，这些都属于被试的"成熟"因素。成熟因素具有动态的性质，控制的方法是使被试选择与分组尽可能随机化，并设立对照组。安慰剂效应在心理治疗中很常见。许多有轻度和中度心理问题的人，在接受心理治疗后自述他们的情况有所好转。然而控制研究证明：这一康复比例中，有相当一部分是安慰剂效应和时间推移这两个因素共同作用的结果，时间推移通常被称为自然康复现象。大多数有效的治疗都是由于治疗效果和安慰剂效应以某种不为人知的组合而产生的效果。

3.选择因素

选择因素是指研究中未能采用随机化等方法来选择、分配被试，造成各被试组之间存在系统性差异。这时被试"选择"因素就成为内部效度的干扰源。由于选择被试的程序不适当而使各被试组之间一开始就存在系统性差异，进而影响内部效度。当研究中不可能对被试作出随机选择和分配时，最易受选择因素的影响。例如，实验分组时若不能严格进行被试的随机选择和分配，可能使实验组和对照组在性别、年龄、个性、心态等很多方面不对等，已有偏差的样本接受了实验，实验结果自然存在内部效度问题。

4.被试的流失与更换

研究过程中，由于各种原因被试会中途退出或更换，这种因素会明显地影响对研究结果的比较和分析，大大降低内部效度。例如，在一项关于工作动机的调查中，发现收上来的问卷很多是无效的，没有完整填答。实际上，不愿意认真填答问卷的人很可能是缺乏工作动机的人，若再根据最后的有效样本估计所研究总体的工作动机水平则可能出现低估。被试的更换和淘汰并不是统计方法可以弥补的，因此，在研究中应特别注意使被试保持稳定和一致。

5.前、后测影响

当研究运用前测与后测两次测量时，有可能出现练习效应、敏感效应和选择性效应，从而影响研究的内部效度。在实验研究中经常要做前测，以确定在某个变量上的初始水平，然而前测会影响之后的实验处理效果或后测结果。前测的影响可以表现为造成练习效应、改变被试对刺激的敏感程度等。例如，采用"镶嵌图形"测验测量被试的场独立性或场依存性，只要做过一次测量，下次再用类似材料测量时，被试就比前测时更容易从背景中找出被镶嵌的图形来。测评者本身的疲劳、单调感、注意力分散以及其他主观因素和测试工具本身的变化，使测定和评级的精确性受到影响，降低研究的效度。这种因素与研究设计的关系不大，研究者或测评者需加强基本训练和严格测试手段，消除影响。

6. 统计回归效应

数理统计学的基本原理说明，在进行重复测量时，初测时获高、低极端分数者会在重测时倾向于向平均值偏移，即发生"统计回归效应"。例如，某数学教师根据一次数学测验成绩选出了全班成绩前五名的同学和后五名的同学，进行了某项"学习困难生帮扶"训练，一个月后再次施测等值的一份数学测验，结果发现后五名的同学提高幅度很大，超过前五名的同学的提高幅度，于是认为干预训练很有效果。然而，假定不进行干预，而直接后测，我们也很可能发现，前测为后五名的同学未必后测还是后五名，很可能名次有所提高，类似的，前五名很可能名次下滑。这样就会由于统计回归效应而混淆再次测试的结果所反映的实验效应，从而降低研究的内部效度。控制的办法是在研究中把极端分数者单独分成对照组和实验组，注意它们的结果差异，进而得出有关自变量效应的正确结论。

7. 实验处理和程序本身

实验处理和程序本身的一些特点会影响研究的内部效度。比如，实验处理和程序的信息的扩散或交流导致不真实的结果，实验处理包含的额外奖励，可能产生补偿性等同效应，由于实验处理而使实验组十分引人注目，而产生补偿性竞争也干扰研究结果。

8. 多种研究条件和因素的交互作用

研究设计时虽然我们希望将自变量和因变量从其他变量背景下孤立出来，但在研究过程中往往由于测试程序、因素控制和实验安排等方面的原因造成多种条件和因素之间的交互作用，影响了研究效度。除了上述因素外，研究过程中其他各种主试因素（偏见、期望效应、投射效应、刻板效应、首因效应和近因效应）、被试因素（霍桑效应、安慰剂效应）等，都可能会影响研究的内部效度。因此，只有控制这些因素的干扰，排除威胁自变量和因变量之间纯粹关系的因素，才能确保研究的内部效度。

二、研究的外部效度

（一）外部效度的定义

研究效度有内部效度与外部效度之分，研究的内部效度是就自变量和因变量之间关系的明确程度而言的。研究的外部效度，则指实验和研究结果能够一般化和普遍化到其他总体、变量条件、时间和背景中去的程度，即研究结果和实验效果的普遍性和可应用性。在二者关系上，一般认为，内部效度是外部效度的必要但非充分条件。也就是说，内部效度低的研究结果就谈不上外部效度问题；然而，内部效度很高的研究，未必有良好的外部效度。优秀的研究应该兼顾内部效度与外部效度。

（二）影响因素

影响外部效度的因素有很多。一方面，样本问题影响总体效度。在心理学中，因为取样或者对样本结果的过度推广而影响总体效度的情况还是很常见的。研究样本的代表性在很大程度上决定了研究的这一总体效度，高总体效度才会提高研究的外部效度。最好的办法是明确规定研究的总体，并从这一总体随机地抽取样本。

另一方面，实验的特异性效应影响外部效度。实验中所用自变量和因变量的特定的定义和测量方式、特定的实验者、特定的实验场景、特定的时间点等，这些因素上的特殊性，可能破坏了研究结果的可推广性，使研究结果与真实情境中被试的心理行为规律不同，影响外部效度。单一的研究难以在被试、变量和背景等方面保证其代表性，必须在使研究尽可能模拟现实情景的基础上，通过多个相互关联的实验，以不同的研究条件寻求具有普遍意义的结论。这种多重实验手段，是获得外部效度、提高研究结果可应用性的重要条件。

三、研究的构思效度

（一）构思效度的定义

构思效度，也称构想效度，是指理论构思的合理性及其转换为抽象与操作定义的恰当性程度，反映了理论构想与经验数据之间对接的严密程度。构思效度要回答的问题就是，我们究竟在研究什么，所获得的数据究竟反映了什么变量，这个变量是不是和我们理论上期望研究的事物是一致的等。心理学研究中常常包含着复杂的、多维度的理论构思，因此，改进研究的构思效度，是研究中的一项十分重要的任务。

（二）影响构思效度的因素

1.理论构思

理论构思必须结构严谨、层次分明、符合逻辑。心理学研究需要对其理论构思有明确的说明。如果在对研究构思作出操作定义之前，对构思的基本特点缺乏明确的概念分析和解释，就会影响研究的构思效度。若将"记忆"分为程序性记忆和陈述性记忆，这两种记忆类型严格区别，彼此也无交叉重叠，这时则不能再加一个"情绪记忆"作为与这两种类型并列的一种动机；否则，逻辑关系会很混乱。研究前要构造出一个结构严谨、层次分明的概念网络或构思网络，作为研究的理论框架。

2.变量的界定与操作性定义

在设定构思网络之后，还要对其中包含的概念或变量加以定义，说明其内涵和外延。例如，要研究"父母教育期望"和"学习动机"的关系，那么对这两个概念或变量及其从属概念，都必须给出清晰的定义，定义要说明事物的本质特征，即该事物区别于其他事物的特征。心理学的理论概念大多意义复杂、含糊不清或者见仁见智，为了避免或减少歧义，增加研究结果的可比性和可重复性，心理学家通常将这些理论概念操作化，给出其操作定义，即抽象概念用测量它的方法来定义。例如，"智力"就被定义为"某些智力测验所测的东西"，一旦测量工具确定了，也就决定了所研究的"智力"的内涵；再如"打字能力"，以每分钟正确打出的字数作为观测指标，意义就很明确了。

3.单一方法偏向

理论构思的多维性，要求有一种复合的测量，这就是在研究中选用多种指标，运用多种方法，从不同角度分析所假设的关系。如果在对构思进行测量时，只采用单一方法，或者在量表设计中使用单一陈述和单一项目，就会出现单一方法偏向，削弱研究的构思效度。目前，研究者普遍主张用多种方法研究相同理论构思，比如分别用访谈法、问卷法和观察法研究群体心理结构，就容易取得比较理想的研究结果。以学习动机研究为例，只让被试自我报告学习动机的强度，可能未必能体现其真实的学习动机状况，再辅以他人评价、行为观察等则更可能全面测量研究者关心的理论概念。

4.各种因素的交互作用

心理学研究的事物往往是多维的、多层次的、多侧面的，应尽量使用多种方法、多样的指标来操作定义理论概念。当理论构思包含几种水平时，某指标在不同水平上会出现不同关系，这就会影响研究的构思效度。例如，当自变量只在中等强度时才对因变量发生效应，而在高、低强度时却关系很弱。在这种情况下就可能产生构思水平间的混淆。因此，在操纵自变量时，应在其不同水平上，测量因变量的相应的不同结果，确定变量和构思在不同水平上的真正关系。另外，被试经历多种实验处理而引起交互作用，损害构思效度。这种情况在实验室研究中很普遍，在现场研究中较少发生。这时，我们难以确定单一实验处理的效应。此外，研究中的事前或事后测定也会对实验处理发生交互作用，影响研究效度。构思水平之间的混淆、不同实验处理的交互作用等都可能损害研究的构思效度。

四、研究的统计结论效度

（一）统计结论效度的定义

统计结论效度是有关决定实验处理效应的数据分析程序的效度检验，它主要反映统计量与总体参数之间的关系。若用不同的统计方法计算统计量，不同的统计量能否代表其总体参数的程度是不同的，这就体现了不同的统计结论效度。例如，按几何级数变化的数据，若用几何平均数计算统计量，就可能较好地反映总体参数的情况。若选用算术平均数作为代表值，就不适合，不能很好地代表总体参数，据此而得出的统计结论的效度当然不高。一项研究设计良好，控制了无关变量的干扰，就可能保证自变量和因变量关系明确，让研究有内部效度；但是，若统计方法应用不当，则也不能获得一个可靠的因果关系的结论。因此，统计结论效度可以视为内部效度的一部分。

（二）影响统计结论效度的因素

1. 数据质量

数据分析程序的效度是以数据的质量作为基础的，包括数据的量表特征（顺序量表或等距量表数据）、数据分布、信度和效度等，如果数据收集方法本身缺乏信度和效度，数据质量不理想，也就谈不上统计结论的有效性问题。

2. 统计检验力

统计检验力也称为统计功效，是指在假设检验中拒绝零假设后接受正确的备择假设的概率。在假设检验中有 α 错误和 β 错误。α 错误是弃真错误，β 错误是取伪错误。取伪错误（β）是指拒绝虚无假设（零假设）后接受错误的备择假设的概率。由此可知，统计功效等于 $1-\beta$，在统计学上定义为不犯 II 类错误的概率（$1-\beta$）（有关系却接受虚无假设）。当样本小而且 α 值定得较低时，犯 II 类错误的可能性就增加；如果这时 α 值定得较高，又容易犯 I 类错误（无关系却拒绝虚无假设）。这些都会降低统计功效，影响研究的统计结论效度。

3. 统计方法

各种统计方法对变量的测量水平、分布形态（是否正态分布）、样本是否独立等都有明确的要求，若违反或忽视这些要求，强行统计，就会降低统计结论的效度。例如，对于顺序量表所测得的数据应运用非参数统计方法进行分析；做方差分析时，要求总体正态分布，变异具有可加性或可分解性以及各处理内方差齐性，以免违反统计检验的假设，影响研究的统计结论效度。

4. 实验处理实施的可靠性

由于研究者之间的差异或同一研究者在不同时间采用了不同方式实施实验处理，使实验处理不够标准化，这会增大误差变异并降低发现真实差异的可能性，进而降低统计结论效度。因此，应尽可能使实验处理实施标准化。

研究的内部效度、外部效度、统计结论效度和构思效度，是相互联系和相互影响的。统计结论效度实际上是内部效度的特例，它们都涉及研究本身的因果关系和统计检验的可靠性。构思效度则与外部效度有一致之处，即它们的基本点都在于作出概括化和结果的普遍性。4 种研究效度的相对重要性，主要取决于研究的具体目的和要求。研究者需要明确地确定不同效度的优先顺序，在不同的措施之间作出适当权衡，从而避免不必要的效度损失。

第五章
文献综述
与研究
报告写作

科学研究的创新必须是以继承为基础的。前人的研究成果、科学认识水平都体现在相应的科学文献中，对这些文献进行细致梳理和深入评析，是开展新的研究工作的基础，是创新与超越的前提。写论文离不开文献综述，文献综述的撰写，直接影响论文的整体质量。因此，学会做文献综述，是培养研究能力的重要内容。研究报告是研究者思想发展的忠实记录，可以帮助研究者对研究的全过程进行深入的分析和思考，进而对研究问题产生深入、系统的认识，也可以借助研究报告向有关方面呈现研究结果，是学术交流和科研成果推广的重要形式，也可以为今后的研究做资料和经验准备。心理学的许多研究，都是因为拥有良好的研究报告而为人们所接受和运用，从而对实际生活与进一步的研究产生影响。研究报告被作为研究各环节中不可缺少的一环，它又是与研究的构思、方法和结果紧密联系在一起的，研究报告和文献综述的撰写，成为心理学研究方法中重要的内容。本章将详细介绍文献综述类论文和研究报告的撰写步骤、方法和技巧。

第一节　文献综述

文献综述看似是摆放他人的研究结果，似乎很简单，其实是一项很高难度的工作。原因是：既要有大量的文献阅读储备，充分了解国内外研究现状，又要深入挖掘文献中的理论内容，寻求综述的深度，提升综述的高度。要想写好一篇文献综述，不是一件简单的事情，要求研究者必须要掌握文献综述的内涵与特点，深入理解文献综述的含义及其独特性；了解文献综述书写的必要性和重要意义；知道文献综述书写的基本结构和格式要求，掌握书写的一般步骤和基本方法，并通过学习理论知识和相关案例，能够正确地书写文献综述。

一、文献综述的内涵与特点

（一）文献综述内涵

文献综述简称综述，是在确定了选题后对选题所涉及的研究领域的课题、问题或研究专题搜集大量相关资料，然后通过阅读、分析、提炼、整理当前课题、问题或研究专题的最新进展、学术见解或建议，对其作出综合性介绍和阐述的一种学术论文。它要求作者既要对所查阅资料的主要观点进行综合整理、陈述，还要根据自己的理解和认识，对综合整理后的文献进行比较专门的、全面的、深入的、系统的论述和相应的评价，而不仅仅是相关领域学术研究的"堆砌"。

（二）特点

1. 综合性

这是文献综述最基本的特点，文献综述首先要对大量文献进行综合描述、对各研究方面进行综合叙述，文献综述既要反映当前课题的进展，又要从本单位、省内、国内到国外，进行横向比较。只有如此，文章才会占有大量素材，经过综合分析、归纳整理、消化鉴别，使材料更精练、更明确、更有层次和更有逻辑，进而把握本课题发展规律，预测发展趋势。

2.评述性

文献综述要全面地、深入地、系统地专门论述某一方面的问题，对所综述的内容进行综合、分析、评价，反映作者的观点和见解，并与综述的内容构成整体。一般来说，综述应有作者的观点，否则就不成为综述，而是手册或讲座了。

3.先进性

综述不是写学科发展的历史，而是要搜集最新资料，获取最新内容，将最新的信息和科研动向及时传递给读者。

4.灵活多样

综述的内容和形式无严格的规定，篇幅大小不一，大的可以是几十万字甚至上百万字的专著，参考文献可数百篇乃至数千篇；小的可仅有千余字，参考文献数篇。

5.浓缩性

文献综述集中反映一定时期内一批文献的内容，所以需要浓缩大量信息。一篇综述可以反映几十至上百的原始文献，信息密度大，评价综述文献的压缩程度可用综述文献正文每页所引用的参考书目平均数或者是被综述的原始文献页数与综述文献页数之比来考察。

二、文献综述的意义

（一）研究综述可以为自己的课题研究做铺垫

作为课题研究准备阶段的重要环节，了解该课题的已有研究状况，可以帮助我们进一步明确研究问题，找到自己的研究重点和难点，并形成一定研究假设，从而有助于我们合理地制订研究计划，更好地完成研究。

（二）研究综述可以为他人提供研究信息

完整的文献综述本身就是一项独立的研究成果，通过对该专题已有的文献资料所做的分析研究和综合评述，使别人能了解该专业研究的最新动态和进展信息，及时了解学科、专业、专题发展动态，因此它是独立的文献，常常以论文的形式在专业期刊上发表。文献综述文后附参考文献及其有关信息，读者可从文后的参考文献入手进行回溯检索，直接查找阅读自己感兴趣的原始文献并集中掌握一批相关文献。

（三）研究综述可以提高获得信息的效率

随着文献量激增，交叉学科、边缘学科大量涌现，其他语种文献日益增多，文献分散程度日益增大，用户所能阅读的文献占比越来越小，当文献数量达到一定程度用户就会对阅读文献失去兴趣。文献综述浓缩各方面信息，使用户在极短的时间内了解到大容量信息，且不存在语言障碍。

（四）文献综述将前人的研究整理得更加有序，可作为新的研究方向的参考

书写时既可纵向延伸、又可横向比较或是纵横交错。从不同角度将各种理论，观点、方法条理化、系统化，反映问题的全貌。文献综述要反映一批相关文献，因此在撰写综述的过程中对原始文献的选择、原始文献内容的概括和介绍都要进行评价，在综述的基础上合理推理，进行科学预测，提出未来的发展方向和前景，使得领导部门制定决策有据可依，科研人员避免重复开发研究。

三、文献综述的结构与内容

文献综述部分包括的主要内容应当有该领域的研究意义；该领域的研究背景和发展脉络；目前的研究水平、存在问题及可能的原因；进一步研究课题、发展方向概况；自己的见解和感想等。总的来说，文献综述一般都包含引言、主体、总结和参考文献共4个部分。这是因为研究性的论文注重研究的方法、结果、动态和进展。

（一）引言部分

引言部分首先要说明写作的目的，定义综述主题、问题和研究领域；指出有关综述主题已发表文献的总体趋势，阐述有关概念的定义。规定综述的范围，包括专题涉及的学科范围和时间范围，必须声明引用文献起止的年份，解释、分析和比较文献以及组织综述次序的准则；扼要说明有关问题的现况或争论焦点，引出所写综述的核心主题，这是广大读者最关心而又感兴趣的，也是写作综述的主线，使读者对全文要叙述的问题有一个初步的轮廓。引言一般200～300字为宜，不宜超过500字。

（二）主体部分

文献综述的主体部分是综述的精华，也是综述的重点。主体部分的写法多种多样，无固定格式，可按文献发表的年代顺序综述，也可按不同的问题进行综述，还可按不同的观点进行比较综述。不管用哪一种格式综述，都要将所搜集到的文献资料归纳、整理及分析比较。正文主要包括论据和论证两个部分，通过提出问题、分析问题和解决问题，比较不同学者对同一问题的看法及其理论依据，进一步阐明问题的来龙去脉和作者自己的见解。正文部分的主要内容是提出问题、分析问题，比较不同的学术观点及其论据。主体部分论述的问题要具体，如有不同的观点，要说明争论的焦点和有无结论，如果某一部分论述的内容较多，应分成若干问题，逐层逐点，有条理地进行论述。这部分要多运用新观点、新方法的资料，重复的观点和

方法要少引用，只需要将重复的内容归类即可。主体部分应特别注意代表性强、具有科学性和创造性的文献引用和评述。主体内容根据综述的类型可以灵活选择结构安排。

主体部分可根据内容的多少可分为若干个小标题分别论述，层次标题应简短明了，以15字为限，不用标点符号，其层次的划分及编号一律使用阿拉伯数字分级编号法（不含引言部分），一般用两级，第三级上用圆括号中间加数字的形式标识。插图应精选，具有自明性，勿与文中的文字和表格重复。插图下方应注明图序号和图名。表格应精心设计，结构简洁，便于操作，并具有自明性，内容勿与正文、插图重复。表格应采用三线表，可适当加注辅助线，但不能用斜线和竖线。表格上方应注明表序和表名。

（三）总结部分

这部分内容主要对主体部分进行扼要总结。作者应对各种观点进行综合评价，提出自己的看法，在此基础上提出迄今为止该专题研究还存在的问题，对未来的研究进行展望，提出今后研究可以进一步拓展或晋升的方向，在撰写这部分内容时，对有争议的学术观点叙述时应留有余地。结语的作用是突出重点，结束整篇文献，内容单纯的综述也可不写小结。

（四）参考文献

参考文献是综述的重要组成部分。一般来说，参考文献的多少可体现作者阅读文献的广度和深度。读者可通过阅读文后的参考文献，了解本课题的相关文献进行回溯查找。对于综述类论文参考文献的数量，不同杂志有不同的要求，一般以30条以内为宜，以3～5年内的最新文献为主。这部分内容要按规定的格式将所有引用的文献全部列出。参考文献的著录有两种形式：一种是将引用的文献直接在引用的那一页下做脚注；另一种是将参考文献全部列于文末。参考文献著录的次序也有两种形式：一种是按参考的程度大小排列，参考较多的列在前面，参考较少的列在后面；另一种是按在文中引用和参考的先后次序排列，先引用参考的序号在前，反之在后。

【延伸阅读】

学术论文参考文献的著录格式

本格式根据中华人民共和国国家标准《信息与文献　参考文献著录规则》（GB/T 7714—2015，中华人民共和国国家市场监督管理总局、中国国家标准化管理委员会于2015年5月15日发布，2015年12月1日正式实施）制定。

一、参考文献著录方法

几种主要类型的参考文献（专著、专著中的析出文献、连续出版物、连续出版物中的析出文献、专利文献、电子文献等）的著录项目与格式要求如下：

（一）专著（图书）[M]

指以单行本或多卷册形式，在限定期限内出版的非连续出版物。包括以各种载体形式出版的普通图书、古籍、学位论文、技术报告、会议文集、汇编、多卷书、丛书等。其著录格式为：[序号]著者.题名：其他题名信息[M].其他责任者.版本项.出版地：出版者，出版年，页码.

例：

[1]　陈登原.国史旧闻：第1卷[M].北京：中华书局，2000：29.

[2]　徐光宪，王祥云.物质结构[M].2版.北京：科学出版社，2010.

[3]　哈里森·沃尔德伦.经济数学与金融数学[M].谢远涛，译.2版.北京：中国人民大学出版社，2012：235-236.

（二）期刊论文[J]

格式为：[序号]作者.文献名[J].期刊名，年，卷（期）：页码.

例：

[1]　李炳穆.韩国图书馆法[J].图书情报工作，2008，56（2）：6-12.

[2]　袁训来，陈哲，肖书海，等.蓝田生物群：一个认识多细胞生物起源和早期演化的新窗口[J].科学通报，2012，55（34）：3219.

[3]　KANAMORI H. Shaking without quaking[J].Science，1998，279（5359）：2063.

（三）学位论文[D]

格式为：[序号]作者.论文名[D].学校所在城市：学校名，年份.

例：

[1]　马欢.人类活动影响下海河流域典型区水循环变化分析[D].北京：清华大学，2011.

[2]　赵睿智.通信工程学论文英译汉实践报告[D].济南：山东大学，2017.

（四）报纸[N]

格式为：[序号]作者.题名[N].报刊名，年-月-日（版数）.

例：

[1]　李勇."一带一路"助推非洲工业化（国际论坛）[N].人民日报，2017-05-03（03）.

[2]　熊跃根.社会政策在民生制度建设中的作用[N].光明日报，2018-01-12（11）.

（五）论文集[C]

格式为：[序号]著者.论文集名[C].出版地：出版者，出版年.

例：

[1]　牛志明，斯温兰德，雷光春.综合湿地管理国际研讨会论文集[C].北京：海洋出版社，2012.

（六）标准文献[S]

格式为：[序号]标准制定者.标准名：标准号[S].出版地：出版者，出版年：页码.

例：

[1]　国家环境保护局科技标准司.土壤环境质量标准：GB 15616—1995[S].北京：中国标准出版社，1996：2-3.

[2]　全国信息与文献标准化技术委员会.文献著录：第4部分 非书资料：GB/T 3792.4—2009[S].北京：中国标准出版社，2010：3.

（七）专利[P]

格式为：[序号]专利所有者（申请者）.专利名：专利号[P].公告日期.

例：

[1]　邓一刚.全智能节电器：200610171314.3[P].2006-12-13.

[2]　西安电子科技大学.光折变自适应光外差探测法：01128777.2[P].2002-03-06.

（八）档案、法律文件[A]

格式为：[序号]档案馆名.档案文献[A].出版地：出版者，出版年.

例：

[1]　中国第一历史档案馆，辽宁省档案馆.中国明朝档案汇总[A].桂林：广西师范大学出版社，2001.

（九）报告[R]

格式为：[序号]主要责任者.题名：其他题名信息[R].出版地：出版者，出版年份：页码.

例：

[1]　中国互联网络信息中心.第29次中国互联网络发展现状统计报告[R].北京：社会科学文献出版社，2012：84.

（十）析出文献

格式为：[序号]析出文献主要者.析出文献题名[文献类型标识].专著主要责任者.专著题名：其他信息题名.版本项.出版地：出版者，出版年：析出文献的页码.（注意符号"//"，表示"析出"）

例：

[1]　马克思.政治经济学批判[M]//马克思，恩格斯.马克思恩格斯全集：第35卷.北京：人民出版社，2013：302.

[2]　贾东琴，柯平.面向数字素养的高校图书馆数字服务体系研究[C]//中国

图书馆学会.中国图书馆学会年会论文集：2011年卷.北京：国家图书馆出版社，2011：45-52.

二、文献著录中应注意的若干问题[5]

（一）正文中标注参考文献时的注意事项

① 用阿拉伯数字顺序编码的文献序号不能颠倒错乱；

② 序号用方括号括起，同一处引用几篇文献，各篇文献的序号应置于一个方括号内，并用逗号分隔；

③ 多次引用同一作者的同一文献，只编1个首次引用时的序号，但需要将本次引用该文献的页码标注在顺序号的方括号外；

④ 文献表中的序号与正文中标注的文献顺序号要一一对应；

⑤ 作者可选择采用"顺序编码制"或"著者-出版年制"，但在同一篇论文中要统一。

（二）参考文献表著录时的注意事项

① 文后参考文献表原则上要求用文献本身的文字著录。著录西文文献时，大写字母的使用要符合文献本身文种的习惯用法；

② 每条文献的著录信息源是被著录文献本身。专著、论文集、科技报告、学位论文、专利文献等可依据书名页、版本记录页、封面等主要信息源著录各个项目；专著或论文集中析出的篇章及报刊的文章，依据参考文献本身著录析出文献的信息，并依据主要信息源著录析出文献的出处；网络信息依据特定网址中的信息著录；

③ 书刊名称不应加书名号，西文书刊名称也不必用斜体。

（三）著录责任者的注意事项

① 责任者为3人以下时全部著录，3人以上可只著录前3人，后加"，等"，外文用"，et al."，"et al."不必用斜体；

② 责任者之间用"，"分隔；

③ 欧美著者的名可缩写，并省略缩写点，姓可用全大写；如用中文译名，可以只著录其姓。例如：Einstein A 或 EINSTEIN A（原题：Albert Einstein），韦杰（原题：伏尔特·韦杰）；

④ 中国著者姓名的汉语拼音的拼写执行 GB/T 16159—1996 的规定，名字不能缩写。例如：Zheng Guangmei 或 ZHENG Guangmei；

（四）参考文献表中数字的著录

① 卷期号、年月顺序号、页码、出版年、专利文献号等用阿拉伯数字。卷号不必用黑体。页码、专利文献号超过4位数时，不必采用三位分节法或加"，"分节，国外专利文献号中原有的分节号"，"在参考文献著录时删去；

② 出版年或出版日期用全数字著录；如遇非公历纪年，则将其置于"（ ）"内。例如：2005-08-10，1938（民国二十七年）；

③ 版本的著录采用阿拉伯数字、序号缩略形式或其他标志表示，第 1 版不著录，古籍的版本可著录"写本""抄本""刻本"等。例如：3 版（原题：第三版或第 3 版），5th ed.（原题：Fifth edition），2005 版（原题：2005 年版）。

（五）可作变通处理的著录项目

① 某一条参考文献的责任者不明时，此项可以省略（采用"著者-出版年制"时可用"佚名"或"Anon"）；

② 无出版地可著录[出版地不详]或[S.l.]，无出版者可著录[出版者不详]或[s.n.]；

③ 出版年无法确定时，可依次选用版权年、印刷年、估计的出版年，估计的出版年置于"[ ]"内；

④ 未正式出版的学位论文，出版项可按"保存地：保存单位，保存年"顺序著录。例如：北京：中国科学院物理研究所，2004.

三、参考文献样例

[1]　国家标准局.科学技术报告、学位论文和学术论文的编写格式：GB 7713—1987[S].北京：中国标准出版社，1988.

[2]　国家技术监督局.国际单位制及其应用：GB 3100—1993[S].北京：中国标准出版社，1994.

[3]　国家技术监督局.有关量、单位和符号的一般原则：GB 3101—1993[S].北京：中国标准出版社，1994.

[4]　中华人民共和国国家质量监督检验检疫总局，中国国家标准化管理委员会.信息与文献参考文献著录规则：GB/T 7714—2015[S].北京：中国标准出版社，2005.

[5]　陈浩元.著录文后参考文献的规则及注意事项[J].编辑学报，2005，2（6）：413-415.

[6]　大学图书馆学报编委会.实行新的投稿格式的说明[J].大学图书馆学报，2005，23（2）：91-92.

四、文献综述的基本要求

（一）开门见山，突出重点

避免大篇幅地讲述历史渊源和立题研究过程。不应过多叙述同行熟知的及教科书中的常识性内容，确有必要提及他人的研究成果和基本原理时，只需以参考引文的形式标出即可。在引言中提示本文的工作和观点时，意思应明确，语言应简练。

（二）紧扣文章标题

应选择与当前一些问题有直接关系的文献，围绕标题介绍背景，用几句话概括即可；在提示所用的方法时，不要求写出方法、结果，不要展开讨论；虽可适当引用过去的文献内容，但不要长篇罗列，不能把前言写成该研究的历史发展；不要把前言写成文献小综述，更不要去重复说明那些教科书上已有的或本领域研究人员所共知的常识性内容。

（三）尊重科学，实事求是

在前言中，评价论文的价值要恰如其分、实事求是，用词要科学，对本文的创新性最好不要使用"本研究国内首创、首次报道""填补了国内空白""有很高的学术价值""本研究内容国内未见报道"或"本研究处于国内外领先水平"等不适当的自我评语。

（四）不要赘述、客套

引言的内容不应与摘要雷同，注意不用客套话，如"才疏学浅""水平有限""恳请指正""抛砖引玉"之类的语言；前言最好不分段论述，不要插图、列表，不进行公式的推导与证明。

（五）注重全面

书写时不能漏掉研究领域内的重要研究，掌握全面、大量的文献资料是写好综述的前提，否则，随便搜集一点资料就动手撰写，可能以偏概全，甚至误导读者，是不可能写出好的综述。也不能生拉硬扯地去包含一些有名的研究。

（六）应避免单纯罗列文献资料

应在研读和理解的基础上，对文献进行综合整理和比较，系统、全面、深入地进行专门论述，并阐明自己的观点，一般来说，查阅的文献数目要比文献综述中引用的文献数目多得多，应检索查阅该领域尽可能多的相关文献资料，原汁原味地进行研究，避免直接借用别人的。

五、文献综述的步骤与方法

（一）确定查找范围

在初步确定了研究课题以后，还要为文献综述的资料确定一个查找范围，开始时查找范围应该放宽一些，使得相关研究成果能更多地被收集进来，进而确定哪些是与综述主题密切相关的核心资料源，哪些是撰写文献综述所需的背景资料源，帮助研究者进一步了解该领域的研究情况。

（二）查找相关资料

梁启超曾说："资料，从量的方面看，要求丰备；从质的方面看，要求确实。所以资料之搜罗和别择，实占全工作十分之七八。"可见文献搜集在研究中的重要性。

选定题目后，下一步就是要围绕题目搜集文献，最为便捷的查找途径是通过网络在专门的查找平台上进行文献资料的检索，例如，通过院校的电子图书馆或是当地图书馆电子阅览室在中国知网的学术期刊库中进行检索查找。如果通过百度等搜索引擎进行查找，应注意收集交易规范可靠的文献资料，已在正式刊物上发表的为好，当然，研究者也可以在各大图书馆的资料库里近距离地查找相关文献。

【延伸阅读】

搜集资料的原则

1.广泛性原则

一是指学科范围广泛，不仅要搜集本专题的相关文献，还要搜集一定的相关的交叉学科、基础学科的文献资料。二是指文献类型广泛，包括图书、期刊、学位论文等各种形式的文献资料。三是指搜集的时空范围广。

2.代表性原则

要注意搜集有代表性的文献资料。如刊登在本学科核心期刊上的文献、由学科带头人或知名科学家撰写的文章、国家有关部门领导人的讲话等可以代表当前的发展水平和认识程度的文献资料。

3.时间性原则

确定合理的查找时间，可以避免获取一些无用信息，减少资料筛选阶段的工作。

（三）研究研读文献资料

搜集好与主题有关的参考文献后，就要对这些参考文献进行阅读。从某种意义上讲，所阅读和选择的文献的质量高低，直接影响文献综述的水平。要先对查找的文献资料进行快速浏览，以获得一个初步的总体印象，从这些文献中选出具有代表性、科学性和可靠性的研究文献。然后认真研读重点文献，熟悉理解消化文献内容。应当注意的是，在研究过程中需要批判性地读、动脑筋读，边读边思考，查找出问题，并从中产生研究的新思考和新方向；同时，在阅读文献时，要写好"读书笔记""读书心得"和做好"文献摘录卡片"。

（四）归纳、分析、整理文献资料

对查找到的文献资料进行研读后，还要对其进行归纳、分析和整理，以便查阅使用，可以按文献形式分类，如期刊、论文、论著；可以按文献作者所属国别分类，如国内、国外；可以按文献出版时间分类，如近三年、近五年、近十年或现代、近代、古代等。然后，要对相关的文献资料进行分析筛选，选取最为有用、最直接反映课题的资料，再次进行反复阅读，在此基础上撰写出文献综述的大体框架。

（五）撰写文献综述

在完成上述四个步骤后，紧接着就是按照文献综述的格式写作，形成最后的文献综述论文。文献综述的格式与一般研究性论文的格式有所不同。这是因为研究性的论文注重研究的方法和结果，而文献综述是介绍与主题有关的详细资料、动态、进展、展望以及对以上方面的评述。因此，文献综述的格式相对多样，但总的来说，一般都包含前言、主题、总结和参考文献这4个部分。撰写文献综述时可按这4部分拟写提纲，再根据提纲进行撰写工作。

六、文献综述书写技巧

（一）框架的设计

设计文章的框架结构是写一篇文章的首要工作。综述框架的构建，实际上在搜集资料、筛选资料和不断跟踪积累资料的同时，就已经开始在撰写者的脑子里逐步形成了，到了这一设计阶段就可将作者的初步想法具体化。具体说来就是在全面阅读、分析、研究有关文献，充分占有资料的基础上，考虑将已经系统化的资料如何有机地组织起来，各种观点、理论、方法在文章中如何安排，从哪些方面和角度多层次地论述文献、综述内容的过程，哪些是中心内容，哪些是辅助内容，哪些是背景内容，文章的框架设计出来后，撰写者应对此篇综述的基本全貌已有一个大致的概念。

（二）提纲的拟定

所谓提纲就是按照一定的逻辑关系逐级展开的，由序号和文字组成的有层次的大小标题。综述的框架还只是一个笼统的构架，表明文章的基本结构，提纲则是将框架的各部分内容具体化，明确观点，指明各部分的详简程度和逻辑关系，提出结论，理清脉络层次。

（三）初稿的撰写

撰写初稿是根据提纲的逻辑顺序逐个问题、逐个层次地加以论述，准确表达原文的观点与内容，传递原始文献中最重要的信息，说明问题，运用分析与综合的能力，表明观点，得出结论。大体完成综述文章的撰写工作。

（四）修改与定稿

初稿完成后，肯定存在着不少问题，因此，必须重新审读全文，对文章进行修改，包括对结构、内容和形式3方面的修改。结构修改是看全文的布局是否合理，结构是否完整，有没有缺少或是多余的内容，主次、详略是否得当，条理是否清晰。内容修改是看论点、论据是否清楚、明确，应没有歧义，数据引用、计算和推导是否正确，应没有错误，论证是否严密，逻辑是否清晰，综述、分析是否客观、全面，评价是否恰当，预测是否科学。形式修改是看用词是否准确，语言是否精练，标点、符号、单位是否正确、统一；标题之间的逻辑关系是否合理，图、表安排是否美观，应易于阅读；有无错别字。从以上的三方面对全文进行全面审查、校核和修改。

（五）列出参考文献

按照规定（国家标准）的格式，在文章后列出文中引用和参考过的相关文献的有关信息。列参考文献要杜绝虚假参考文献。虚假参考文献会将那些想参考原文的读者引入歧途，浪费大量时间；也要杜绝故意遗漏现象，将参考过的内容直接加以利用而不说明为参考资料，有剽窃别人成果之嫌。

第二节　研究报告

研究报告是对于研究的成果、事件、情况、进展或者解释结果的陈述。撰写明确有说服力的研究报告，也是一种十分重要的研究技能。如果不能通过有效的、科学的研究报告，明确地与其他人交流研究成果，那么，研究本身的质量再高，也体现不出其价值。研究报告是各类学术论文中最典型也是最复杂的形式，掌握了研究报告的写作，也就掌握了各种学术论文写作的基本功。

一、研究报告的概述

（一）内涵

研究报告是反映社会研究成果的一种书面报告，是调查研究成果的集中体现，是交流、使用和保存调研成果的重要载体。研究报告的撰写关系到成果质量的高低和社会作用的大小。研究报告不同于一般文体，也不同于一般的新闻报道，有其自身特点。

（二）分类

1.根据研究报告论证方法的不同

根据研究报告论证方法的不同，可分为实证性研究报告、文献性研究报告和理论性研究报告。

实证性研究报告包括调查报告、实验报告、经验总结报告等，是一种旨在阐明研究对象的本质及其规律性的研究报告，主要是用事实说明问题，材料力求具体典型、翔实可靠、格式规范。这类报告要求通过有关资料、数据及典型事例的介绍和分析，总结经验，找出规律，指出问题，提出建议。这类研究报告既注重理论，又重视实践，往往跟接触性的研究方法有关。文献性研究报告主要是一种旨在以口头、文字、音像等资料为基础，分析、辨明某一方面研究的信息、水平、进程、争议、趋势等的研究报告，以文献情报资料作为研究材料，以非接触性研究方法为主，以文献的考证、分析、比较、综合为主要内容，着重研究教育领域某一方面的信息、进展、动态，以述评、综述类文章为主要表达形式，一般在教育史学、文献评论研究中用得较多。理论性研究报告是狭义上的论文，以阐述对某一事物、某一问题的理论认识为主要内容，重在研究对象本质及规律性认识。独特的看法、创新的见解、深刻的哲理、严密的逻辑和个性化的语言风格是其内在特点。理论性研究报告没有实证研究过程，因此对研究者的逻辑分析能力和思维水平有较高的要求，同时还要具有较高的专业理论素养。

2.根据研究报告在性质和主要功能上的不同

根据研究报告在性质和主要功能上的不同，分为：综合性调查报告和专题性调查报告、描述性调查报告和解释性调查报告、学术性调查报告和应用性调查报告。

（1）综合性调查报告与专题性调查报告

综合性调查报告（概况调查报告），是指对调查对象的基本情况和发展过程做比较全面、系统、完整、具体反映的调查报告。一般着重分析社会的基本状况，研究带有共性的问题，提出具有普遍意义的建议。综合性调查报告内容比较广泛，反映情况比较丰富，篇幅一般较长。综合性调查报告具有以下特征：对调查对象的基本情况进行比较完整的描述；对调查对象的发展变化情况做纵、横两方面的介绍；以一条主线来串联庞杂的具体材料，使整篇报告形神合一，达到清楚说明调查问题的目的。

专题性调查报告是指围绕某一特定事物、问题或问题的某些侧面而撰写的调查报告。特点是内容比较专一，问题比较集中，有较强的针对性、实效性，篇幅一般比较短小，依据材料不及综合性调查报告那么广泛，反映问题也不及综合性调查报告普遍，但是能够帮助有关部门及时了解和处理现实生活中急需解决的问题。

在写作要求上，前者力求全面，篇幅较大；后者力求鲜明突出，针对性强，篇幅相对较小。从功能上看，前者主要是描述性的；后者更多地属于解释性的。

（2）描述性调查报告与解释性调查报告

描述性调查报告着重于对所调查的现象进行系统、全面的描述，这种描述既可以是定量也可以是定性的，但都以回答是什么和怎么样问题为主。其主要目标是通过调查资料和结果的详细描述，向读者展示某一现象的基本情况、发展过程和主要特点。

解释性调查报告着眼点则有所不同，它以揭示社会现象之间因果联系为主要内容，它的主要目标是要用调查所得资料来解释和说明某类现象产生的原因，或说明不同现象相互之间的关系。不仅要说明是什么和怎么样的问题，而且要回答为什么和怎么办的问题，有的包含预测性内容和对策性建议。

从写作要求看，描述性调查报告强调内容的广泛和详细，要求面面俱到，同时十分看重描述的清晰性和全面性，力求给人以整体的认识和了解；而解释性调查报告则强调调查报告内容的集中与深入，看重解释的理论性和针对性，力求给人合理且深刻的说明。

（3）应用性调查报告与学术性调查报告

应用性调查报告是以认识社会、政策研究、经验总结、揭露问题、支持新生事物和思想教育、解决现实问题为主要目的而撰写的调查报告。具体可以分为以下几类：社会情况调查报告、政策研究调查报告、总结经验调查报告、揭露问题调查报告。

学术性调查报告以理论探讨为主，是以揭示社会现象的本质及其发展规律为主要目的而撰写的调查报告。具体可以分为：理论研究性调查报告和历史考察性调查报告。理论研究性调查报告通过对社会现实问题调研，作出理论性的概括和说明；历史考察性调查报告通过对文献资料的调查分析，揭示某些社会现象的内在本质及其发展规律。

二、研究报告的构成要素和撰写步骤

（一）提炼主题

主题是研究报告所表达的中心思想、说明的问题，是作者观察、体验、分析、研究现实生活和处理、提炼材料的思想结晶。主题是调研报告的"大脑"，起着统帅作用，谋篇布局、论点论据安排、材料选择、语言运用等都要围绕该"大脑"而展开，所谓"题好一半文"就是这个道理。主题的提炼要考虑调查目的和所获得的真实材料；要做到正确、集中、深刻、新颖和对称。研究报告的主题就是展现社会调查所得材料之间的固有联系，是对调研结果以及所得调查材料所进行的规律性和概况性的总结，这些材料之间的固有联系以及规律性的总结是调查人员对于调研材料的理性认识和推理，必须要尊重事实，不能胡编乱造。

（二）拟定提纲

提纲是整个研究报告的骨架，提纲的书写是研究材料、形成观点、明晰主题的过程。一份高质量的提纲从内容角度必须符合基本要求：突出报告主题、阐明基本观点、精选调查材料和符合内在逻辑。反复阅读大纲，可以进一步确证自己的写作思路和写作内容，查找缺漏和不足之处，还可以根据提纲设想一下整篇文章的长度以及各个部分的字数，然后根据这个设想对文章的详细和紧凑程度做一个基本的估计。通过反复阅读提纲，同时明确以下问题：我研究的问题是什么？我的研究结果是否可以回答该研究问题？我如何用我的研究资料和研究方法回答这个研究问题？依据这些问题，不断地对自己的写作构思进行调整。

（三）精选材料

材料的来源，一方面是从调查中得到的各种数据、表格、事例等客观材料；另一方面是在客观材料的基础上通过分析、综合、概括形成的观点、认识建议等主观材料。要按照去伪存真、去粗取精、由此及彼、由表及里的方法认真研究材料，精选真实、准确、全面、系统的材料，并对材料进行综合、对比和统计，充实写作提纲，论证主题。

（四）撰写报告

写作的过程也就是梳理研究成果和发现问题的过程，写作就推动了研究的发展和深入。一篇高质量的调查报告必须正确提炼主题、合理安排结构、精选调查材料和反复推敲书面语言；调查报告的书面语言必须保持客观态度，力求做到准确、简洁、朴实、生动。可以从对方法的反思开始，因为这一部分比较直接，前后程序比较清楚，然后再开始写作研究结果，最后才去写第一章的概论。之所以将第一章放到写作的最后，是因为通常到了这个时候才知道自己真正的研究意图和思路。

任何文章只要仔细审阅，都会发现或大或小的问题。因此，初稿完成以后，需要对其进行整理和修改。整理往往需要相当长的时间和相当多的精力，有时候修改比写初稿还难，因为初稿是自己精心写出来的，要自己去发现不恰当之处，并不容易。在整理之前，可以将初稿搁置一段时间，让它与自己在时间上、空间上和心理上拉开一定距离，修改的时候就不会囿于原先构思的圈子，头脑会比较开阔和清醒。在对初稿进行修改时，首先，要关注研究报告的整体框架，各个部分之间是否遵循一定的逻辑系列，整体布局是否合理，结构是否完整严密，各个部分之间是否形成有机的联系。如果有的部分与整体不相吻合，应当进行调整和删改；如有材料缺漏，还要加以补充。其次，要注意行文清楚、简练、质朴、细密。应当避免语义模糊、修正语法错误。初稿经过反复整理和修改之后，就可以考虑结束写作了。一般来说，在研究报告的结尾处，作者习惯于对自己的研究成果作出一些结论性的陈述，但不要使用过于绝对化的语言来显示报告的完整性。文章应该留有一定的余地，让读者自己对文章中的问题进行思考。最好的研究报告不是仅满足于让读者读到了很多"知识"，而是要在读者的心中激起很多新的问题，激发他们进一步对这些问题进行思考。因此，在文章结尾时，可以对自己的研究结果做一个比较中肯的总结，同时指出研究的局限性、尚未澄清的问题、有待于进一步探讨的问题以及今后继续研究的方向和初步的打算。

研究报告撰写有很多方式，因研究的问题、目的、收集和分析资料的方法、研究的结果、研究者本人的特点以及研究者与被研究者之间关系等不同而有所不同。研究者应该根据自己的具体情况作出相应的选择。

三、研究报告的主要结构和基本要求

研究报告有其特定的结构。心理学研究报告包括标题、署名、摘要和关键词、引言、正文、结果与讨论、参考文献、附录等部分。

（一）标题

一篇文章最重要的肯定是标题，阅读文章也往往从标题开始，研究报告拟定一个出色的标题无疑至关重要。出色的标题应该是清晰的、简洁的、有趣的、令人印象深刻的。标题是报告主要内容和中心思想的高度概括，因此需要以简明、恰当的文字反映研究报告的内容与特色，对标题的每个字都要仔细推敲。标题有两种写法，一种是规范化的标题格式，即"发文主题"加"文种"，基本格式为"××关于××××的调查报告""关于××××的调查报告""××××调查"等。另一种是自由式标题，包括陈述式、提问式和正副题结合使用3种。标题的选取有以下几点要求：尽可能概括研究报告的主题和内容，点明什么条件下解决什么问题；尽可能反复推敲，做到鲜明简洁；通常包含报告中所用的3～4个关键词；长度适中，文标题字数一般不超过20个字，最多不超过30个字，标题中间不用标点；标题具有可检索性，忌用不常见的缩略语，忌用一个研究领域做题目，忌用方程，忌用特殊专业的符号。

（二）署名

论文作者应在作品上署名，这既是作者的权利也是义务。署名者可以是个人作者、合作作者或团体作者。署名为作者，就享受法律规定的著作权，也要承担相应的责任，所谓"文责自负"。如果文章存在剽窃、抄袭、内容失实，或者存在政治、技术上的错误，以及由此引起的任何法律纠纷，作者都要负责；若他人对文章有质疑，作者要负责答辩。文章的作者署名，要按照贡献大小排序，同样，排序靠前的作者也承担更多责任。

（三）摘要与关键词

如果说题目是文章最重要的一句话，那么摘要就是文章最重要的一段话。摘要放在文章最前面，它提供的信息应使读者了解研究的主要方面，以便决定是否继续阅读正文。论文报告的摘要是研究的主要内容与结果的简短总结，一般应在500～800字（英文摘要100～150字）。它并不是整个论文的段落大意，而是简短而直接地说明研究目的或问题、方法、结果、结论这4个方面，有时还包括讨论的思路和研究的创新点，从而使读者在看了摘要以后能决定是否值得继续花时间读全文。通常摘要的内容包括作者要把这些内容全面地、有逻辑地呈现出来，而不是逐条罗列，前言不搭后语。好的摘要本身应该简洁明了、结构合理、叙述完整、有逻辑。

关键词是研究报告的文献索引标志，是表达报告主题概念的词或词组。关键词通常选自标题和摘要中的关键词汇，如变量、实验范式、工具、研究对象、核心理论等。关键词的范围不能过于宽泛，要符合本研究领域的使用习惯，这样才能增加论文被检索到的概率。一篇研究报告的关键词通常有3～8个，位于摘要后面。关键词是论文信息最高度的概括，选择是否恰当，影响读者对文章的理解，关系到文章被检索和该成果的利用率。心理学论文的关键词可以从心理学名词审定委员会审定的、科学出版社于2001年出版的《心理学名词》中选用。未被词表收录的新科技重要名词、术语，也可以作为关键词使用。避免选用一些外延较广的词作为关键词，如"方法""心理学""作用""策略"等。

（四）引言

引言的目的是要抓住读者的兴趣，并且提供一个关于该研究的令人信服的综述和基本原理的说明，要引导读者按照作者的思路去理解该研究报告。研究报告正文的第一部分是引言，即问题提出部分。顾名思义，这部分要引入研究问题，阐释提出问题的目的、依据和逻辑。从内容上讲，引言通常要包括如下几部分。

（1）引子，即简单的问题引入；

（2）文献回顾，用于介绍必要的知识背景（包括基本概念、理论基础、必要的方法学铺垫等）以及以往研究的进展等；

（3）文献评论，旨在通过评论以往研究来阐明自己研究的必要性；

（4）介绍自己的研究，包括研究问题与目的、理念与思路、研究假设等。

（五）正文

1.文献综述

一项新的研究需要有坚实的文献基础。这些文献一方面为自己的研究工作以及读者理解这项研究提供了必要的知识基础，另一方面，这些文献只是基础，是新研究超越的对象。没有文献基础的研究，通常算不上科学研究，因此一篇研究报告总是包含必要的文献回顾。在这一部分，应当呈现研究主题的核心概念、国内外相关研究现状，并对自己的研究进行简要介绍。本章第一节中，我们已对如何撰写文献综述进行了详细介绍，这里不再赘述。

2.研究方法

研究方法部分要详细描述研究是如何进行的。这样的描述能够让读者评估所采用的方法是否恰当以及研究结果的信度和效度。科学研究的一种重要特征就是可重复性，其他研究者可以通过一篇报告的方法部分独立地对其进行重复性检验。研究方法部分主要包括被试情况、研究工具及材料、研究设计和程序等几个方面。

（1）被试部分要说明参加研究的被试情况和取样方法

当被试是人时，应报告抽样和分组程序以及被试的性别、年龄、社会地位和种族等主要人口统计学特征。对于动物被试，应该报告它们的种类、编号或者其他的具体证明资料，以便他人能够成功地重复这项研究。在被试部分还应报告是否存在被试"丢失"情况以及是否有删除被试数据的情况。如果报告者需要删除部分被试的数据，必须提供充足的理由，否则切忌随意删减被试的数据。另外，还需报告抽样方法。常用的抽样方法包括简单随机取样（利用抽签或随机数字表）、分层随机取样、整群随机取样、配额取样、方便取样等。读者只有明白了取样方法，才能知道研究的结论应该推论到什么样的总体中。

（2）研究工具和材料部分

应简短描述实验过程中使用的实验设备、仪器或者材料以及它们在实验过程中的功用。工具一般指调查和测试工具，如计量表、问卷以及其他收集数据所需的测试手段，它们常出现在调查研究中；仪器通常指有固定规格的、专门化的器材设备，如计算机、录音和录像设备、眼动仪、脑电仪、磁共振仪、速示仪等，这些通常用于实验室研究或观察研究；材料，往往是实验或调查中临时设计或选用的作为刺激的材料或数据记录用的材料，如答题纸、词单、笔、卡片等。在研究报告中要说明仪器型号，量表的信度、效度；一些特殊设备要说明设备的型号乃至供应商的名称和地点。此外，在必要情况下还应说明数据收集的时间、地点和情境。

（3）研究设计和程序部分

具体说明研究的过程、指导语、变量的水平及其测量、被试的分配和实验设计、对无关变量的处理方法、实验处理的内容与性质、主试的情况、研究的步骤等。对于不同的研究类型，其研究的设计和程序是不同的。实验设计和程序部分主要说明研究设计的类型、被试分组情况、实验处理、无关变量的控制以及研究进行的具体步骤等。还应对实验设计中的随机化、平衡抵消和其他实验控制特点进行描述，如"研究采用了2×3×2混合实验设计""研究采用了2×3完全随机区组设计"等。对于观察研究，要说明观察的方式、步骤、观察时间、地点、记录观察结果的方式以及观察者的情况等。对于调查研究，就要涉及调查问卷的设计、提问方式、散发及回收的情况等。

（六）结果与讨论

结果部分主要是对研究中所得的资料进行概括，并进行统计分析，予以报告。结果的呈现顺序通常是：陈述主要的研究结果，给出基本的描述性统计结果，再给出推断性分析结果，最后给出效应量的测验结果。结果部分不必对结果的意义进行解释和讨论。需要注意的是，结果部分往往用到"分析"，这里所说的分析，不是讨论，而是统计分析的意思，是指使用统计的方法挖掘数据背后的关联性。讨论部分是对研究结果的含义和意义的评价，应简短地说明每一结果与研究假设的关系，而且，应报告所有有关结果，包括与自己假设不一致的结果。

（七）参考文献

在论文报告的末尾，应该列出研究报告中所直接提到的或引用的资料来源，包括资料的时间、内容、发表刊物及页码等。参考文献的排列可以按照作者的姓氏笔画排序，也可以按研究报告所提到或引用的顺序排列。按规定，在各类型出版物中，凡是引用前人或他人的观点、数据和材料等，都要对它们在文中出现的地方予以标明，并在文末或书末列出参考文献表。另外，作者列出的所有参考文献都应该是自己阅读过原文的，不能把别人列出的参考文献直接拿来使用，以避免出现对原文观点的错误解读。

（八）附录

附录是正文的补充部分，必要时才列出。研究所用的主要问卷或测评表还包括数学证明、大型表格、词表、计算机程序等，以及研究所涉及的重要统计推导或公式等，应该在"附录"中列出，以便读者在重复研究时使用，也便于对研究的思路、方法和统计分析作较深入的了解和评价。有些论文需要对某些材料进行必要而详细的描述，但由于这些材料较为复杂或琐碎，放在正文中会割裂正文，分散读者对论文本身的注意力，那么就有必要把这些材料作为附录放在正文的后面。

研究报告撰写的技能和技巧以及对规范的把握，都是学习和练习的结果。经常进行研究报告的撰写，在写作过程中不断形成自己的写作经验是至关重要的。另外，一篇研究报告的撰写不可能一蹴而就，从初稿到定稿是不断修改和完善的过程。一篇好的论文要反复磨炼和推敲才能最终定稿。"好论文"不仅要符合格式规范，还要做到论文的方方面面都是深思熟虑的、符合逻辑的。

【延伸阅读】

石家庄学院毕业论文撰写基本规范

1.毕业论文内容要求

字数要求：文科类不少于10000字，理工类不少于8000字，艺术体育类不少于4000字。外语专业原则上要求用所学的第一外语撰写，具体要求由外语学院确定。

2.毕业论文各部分撰写基本规范

（1）标题

论文题目严格控制在25个汉字（符）以内，如题目语意未尽，可用副题名补充说明报告论文中的特定内容，题目应用词规范，避免使用缩略语，避免使用一些不可识别的符号，比如化学式、上下标、数学符号等。

（2）声明

声明是作者关于论文内容未侵占他人著作权的声明，放在封皮之后。声明的内容及格式统一拟定，作者在完成论文撰写之后，请依据声明内容，全面审视自己的论文，检查是否严格遵守了《中华人民共和国著作权法》，对他人享有著作权的内容是否都进行了明确的标注，确认无误之后慎重签名。声明单独一页。

（3）摘要和关键词

中文摘要部分的标题为"摘要"，"摘要"两个字中间空两个汉字符宽度。

为了便于文献检索，要在本段下方隔行后另起一行提供论文的关键词（3～5个），每个关键词用分号间隔，中文摘要控制在300～500个汉字（符），且篇幅限制在一页内书写。单设一页。

论文摘要为相对独立的完整性短文，客观地对论文研究内容、研究方法、创新点以及取得的成果和结论进行概括性介绍。摘要采用第三人称撰写，结构严谨，表达简洁明确，与正文文体保持一致。对某些缩写、简称、代号等进行必要的说明，不宜包含公式、图表等。摘要中不要出现图片、图表、表格或其他插图材料。

英文摘要部分的标题为"ABSTRACT"，两端对齐，标点符号用英文标点符号。"Key Words"与中文摘要部分的关键词对应，每个关键词之间用分号间隔。单设一页。

（4）目录

目录由引言、章、节、参考文献、附录等各部分内容的顺序号、名称和页码组成，另页排在"摘要和关键词"之后，按三级标题编写。"目录"两个字中间空两个汉字符宽度，从第1章（引言）开始，用宋体小四字，行间距为20磅。

（5）正文

此部分是论文的主体，包括：第1章（或引言）、第2章、……、结论。书写层次要清楚，内容应有逻辑性。

引言是向读者交代本研究的来龙去脉，使读者对论文先有一个总体的了解，主要包括研究的目的、意义、内容范围、理论依据、实验基础、研究方法、预期的结果等。

论文主体是论文的核心部分，占主要篇幅，论文的论点、论据和论证都在这里阐述，要求提出论点，通过文献资料、论据或数据对论点加以论证，并得出结论。由于学科之间差异较大，各院系可根据学科特点具体安排思路和结构。总体要求观点正确、结构完整、合乎逻辑，符合学术规范，无重大疏漏或明显的片面性。

结论反映了研究成果的价值，其作用是便于读者阅读和为二次文献作者提供依据。主要包括：本研究结果说明了什么问题，得出了什么规律性的结论，解决了什么实际问题；本研究的不足之处、尚待解决的问题或提出的研究设想和改进建议。行文要概括、简明，措辞要严谨、客观。

（6）参考文献

参考文献是论文之中引用文献出处的目录表，应以近期的有关文献为主。凡引用本人或他人已公开发表或未公开发表文献中的学术思想、观点或研究方法，都应编入文献目录。

（7）致谢

致谢用于评审、答辩、审议学位及提交学校存档的论文，致谢对象一般是对完成学位论文在学术上有较重要帮助的团体和人士。致谢部分应另起页书写，致谢限一页。

（8）附录

附录是与论文内容密切相关，但编入正文又影响整篇论文编排的条理和逻辑性的一些资料，例如某些重要的数据表格、计算程序、统计表等，是论文主体的补充内容，可根据需要设置。

附录的格式与正文相同，并依顺序用大写字母A、B、C等编序号，如：附录A、附录B、附录C等，依此类推。只有一个附录时也要编序号，即附录A。每个附录应有标题。附录序号与附录标题之间空一个汉字符宽度。例如："附录A　北京市2003年度工业经济统计数据"。

附录中的图、表、数学表达式、参考文献等另行编序号，与正文分开，一律用阿拉伯数字编码，但在数码前冠以附录的序号，例如"图A.1""表B.2""式（C-3）"等。

附录部分放在致谢之后，应另起页书写。

第六章
调查法

调查研究是社会学研究中应用最广泛的一种研究方法，它是人们了解和研究社会的有效途径，是认识社会的重要手段。心理学家、社会学家、政治学家、市场调查人员都会运用调查方法来获取有关人们想法和感受方面的信息。调查的结果常被用于描述人们的观念、态度和偏好。心理学以及大部分的社会科学都离不开调查法。本章主要介绍调查法的概述，包括调查法的概念、特点、类型以及调查法的实施方法；重点介绍调查法中的问卷法和访谈法的设计及实施流程。

第一节　调查法的概述

调查法是一种从人群中收集数据进行描述或预测的方法。用调查法收集数据，有简便、快捷、高效的优点，因而它被广泛使用。调查法有多种类型和形式，可以通过问卷、测验或访谈的形式进行。其实施方法也是多样化的，了解有关的基本知识是设计和开展调查研究的基础。

一、调查法的概念和特点

调查法不是一种单一的方法，它是对问卷法、访谈法、测验法（或量表法）等的统称。调查法借助问卷、测验等工具，以严格设计的问题，通过被试作答或自我报告确定其心理与行为特点。问卷法是通过书面形式，以严格设计的心理测量项目或问题，向研究对象收集研究资料和数据的一种方法。它主要采用量表方式，进行定量化的测定；也可以运用提问方式，让研究对象自由地作出书面回答。访谈法是研究者通过与研究对象的交谈来收集有关对方心理特征与行为的数据资料的研究方法。它是心理学研究中运用最广泛的研究方法之一，特别是在心理学应用研究中，我们常常用访谈法了解人们的态度、看法、感受和意见，从而对他们的各种心理特征和活动进行研究。测验法是通过心理测验或量表研究心理行为特点的一种方法。量表是一套标准化的试题或项目，按照规定的程序，对个体某一方面的心理进行测量，然后将结果与常模（注：一种供比较的标准量数，由标准化样本测试结果计算而来）进行比较，从而作出某方面心理发展水平和特点的诊断或评价。借助问卷等可以获取研究对象（注：即被试或调查对象；余同）在某方面的态度、观念、倾向等，而测验则被用于测量人们的能力与人格等。问卷往往是根据研究目的自行设计的，而测验的编制则有更高的要求，虽然研究者也可以自行设计测验并使用，但是大多数研究都是采用现成的测验。

调查法能在短时间内同时调查很多对象，获取大量资料，并能对资料进行量化处理，这种方法收集资料速度快、效率高，一次问卷可以同时调查几十个到几十万个被试，可以涵盖几个至几十个变量，从而获得大量的数据资料，经济省时。但是，调查法也有一定的局限性。调查法适于确定变量之间的相关关系（包括预测关系），它本身难以用于确定变量之间的因果关系。另外，问卷调查需要研究对象有一定的文字理解和表达能力，不适用于年龄较小的儿童和文化程度比较低的研究对象。研究对象由于种种原因可能对问题作出虚假或错误的回答，影响调查结果的真实性和可靠性。

二、调查法类型

（一）按研究问题的性质划分

1. 现状调查

现状调查指通过调查确定某个方面的心理行为现状、表现特点等。例如，"4～6岁幼儿自我认知积极偏向发展特点的调查研究""某地区幼儿教师职业倦怠现状调查研究""大学生互联网使用偏好调查研究""边疆少数民族大学生心理健康状况调查研究""教师教学风格的调查研究""大学生情绪智力现状调查研究"。通过现状调查，可以有效地掌握研究对象的实然状态，发现实际中存在的问题，有助于探索有效的改进策略和措施。

例如，为考察"中学教师创造力内隐观"[1]，研究采用创造力形容词表，选取255名中学教师进行问卷调查和个别访谈，得出如下结论：教师的创造力内隐观主要涵盖了创造性思维和创造性人格两个方面；教师一致认同高创造性学生有28个重要心理特征，其中，最重要的10个特征依次是想象力、喜欢思考、富有洞察力、自信、内部动机强、好奇心、关注新事物、透过现象发现规律、逻辑推理能力、发现事物间的联系与区别；因素分析从教师内隐观提炼出5个因素，即新颖灵活的思维风格、好奇且善于质疑、逻辑思维、问题发现、自信进取的性格。

2. 关系调查

关系调查是通过调查两个或多个变量的情况，探讨其相互联系的性质与程度。例如，"初中学生学业自我效能与学业成就关系研究""农村留守幼儿的情绪理解能力与侵犯性和同伴关系的相关研究""青少年家庭功能与亲社会行为的关系研究""主动性人格、大学生创业准备行为、与创业社会支持的关系研究"。通过关系调查研究，获取变量间的数据资料，计算其相关系数，进而根据相关系数的数值（正值、负值或零）来分析、判断研究中两个变量间存在的关系。

例如，探讨"大学生外语焦虑、自我效能感与外语成绩"[2]三者之间存在的内在关系时，利用问卷法对315名大学生的外语焦虑、自我效能感和外语成绩进行了调查，发现外语成绩及格组学生的外语焦虑水平显著低于不及格组学生，自我效能感

---

❶ 黄四林，林崇德.中学教师创造力内隐观的调查研究[J].心理发展与教育，2008（01）：88-93.

❷ 张日昇，袁莉敏.大学生外语焦虑、自我效能感与外语成绩关系的研究[J].心理发展与教育，2004（03）：56-61.

显著高于不及格组学生；女大学生的外语成绩、自我效能感及能力因子和挫折因子上的自我效能感显著高于男大学生，男女大学生的外语焦虑水平无显著性差异；文科大学生的外语焦虑水平和外语成绩显著高于理科大学生，文、理科学生的自我效能感无显著性差异；外语焦虑与外语成绩呈显著负相关，与自我效能感呈显著负相关，自我效能感与外语成绩呈显著正相关，性别、专业、外语焦虑、自我效能感、效能感的能力和挫折两个因子是外语成绩的显著预测变量。

3.发展变化调查

发展变化调查主要通过在不同时间点开展多次调查，以考察某种心理特点如何随个体年龄的增长而发展变化，以及社会心态如何变迁等。发展变化调查可以细分为个体发展调查和社会变迁调查。例如，采用追踪设计或横断设计调查儿童的某种特征随着时间推移而产生的发展变化，"3～6岁幼儿控制自己行为能力发展特点的调查研究""6～12岁儿童认知发展特点的调查研究"，这是关于个体发展的调查。在社会科学中，还经常就某一内容做社会变迁方面的调查。这种调查往往采用连续独立样本设计，即在不同时间点对同一类群体进行追踪调查，它不要求每次调查时都是一批相同的个体，只要群体等同就可以。

【延伸阅读】

世界价值观调查 ❶

全世界范围内的众多社会科学家联合进行了一项关于世界价值观的调查，调查内容是价值观的变迁及其对社会和政治生活的影响。这项调查在全世界六大洲的近百个国家取样（每次调查时国家数目有变化，有增加或退出）展开，总样本有几十万人，样本代表的总体覆盖了全世界近90%的人口。

这项调查从1981年起已经进行了5个波次，目的是跟踪价值观的变迁。每次调查时，研究者对每个国家代表性样本中的每个被试采用标准化的问卷进行逐一访谈调查，所调查价值观的内容涵盖宗教、性别角色、工作动机、民主、政府治理、社会资本、政治参与、对其他群体的容忍性、环境保护、主观幸福感等。该调查是由参与国家的研究者各自组织实施的，最后数据共享，在其网站公布后供研究者免费使用。目前，已经基于该数据发表了大量的论文和专著。

（二）按调查范围划分

1.全面调查

全面调查是对研究选题范围内的所有研究对象都实施调查，从而获得当前调查

---

❶ 辛自强.心理学研究方法[M].北京：北京师范大学出版社，2012.

对象（注：即研究对象或被试）的全部情况。全面调查的范围既可以是单位性的，又可以是地区性的，还可以是全国性的，强调研究对象的全体性，将为重大方针、政策的制定提供必要的支撑。例如，调查"我国流动儿童生存和发展：问题与对策——基于2010年第六次全国人口普查数据的分析"。全面调查，不会受到取样误差的影响，能够收集到较为全面的资料，能全面、准确地反映出研究的现象、问题和发展变化的情况等内容，但由于调查范围广，调查对象多，所需耗费的时间、财力、物力和人力均较大，调查成本较高。同时，由于调查范围过大，往往只能采用调查问卷等书面方式来开展，难以获取生动的材料，易出现调查所得到的材料较为浅显或简单，致使无法深入了解或是仅能片面了解的问题。

2. 抽样调查

抽样调查是指从调查对象的总体范围内，用科学的取样方法抽取其中一部分对象作为样本进行调查，并根据样本特征来推断或说明总体特征的一种调查方法。例如，"我国当代青少年情感素质现状调查"❶，此调查在全国代表性的大城市及其郊县展开，采用分层随机抽样方法。分层主要考虑社会经济水平，并兼顾地区分布。以国家统计局颁发的《2006年全国地级及以上城市综合实力排名》为依据（国家统计局，2007），将省会城市或直辖市排名前27%、中间及后27%划为发达、较发达和欠发达三个层次，每层次抽取3个城市：第一层次——上海、北京和广州；第二层次——长春、郑州和西安；第三层次——西宁、贵阳和海口。每城市的市区和郊县分别随机抽取重点（社会评价好的）和非重点（社会评价一般的）高中、初中和小学各一所，此外还在每个城市随机抽取一所职校，共涉及9大城市117所学校的小学四、五、六年级、初中一、二、三年级、高中一、二、三年级、职校一、二年级（三年级校外实习）25485人。其中发达地区7884人、较发达8499人和欠发达9102人；市区14149人，郊县11336人；重点学校12651人，非重点学校11067人，中职学校1767人；年龄跨度为11～19岁。

抽样调查适用于总体样本过大、时间或经费不允许进行全面调查等情况。抽样调查具有较好的代表性，是最常用的一种调查方式，具有经济适用、速度快、范围广、准确性高等特点。

3. 个案调查

个案调查是有意识地选取单一对象或现象采用多种方法收集完整的资料展开细致深入研究的一种方法。其中单一对象既可以是单一个体，也可以是单一集体，即将一个集体作为一个整体对象来看待。个案调查的意义体现在通过深入实际，有效地对某一对象或现象进行具体、细致的研究，帮助研究者详细观察事物的发展过

---

❶ 卢家楣，刘伟，贺雯，袁军，竺培梁，卢盛华，王俊山，田学英.我国当代青少年情感素质现状调查[J].心理学报，2009，41（12）：1152-1164.

程，了解现象产生的原因，并厘清各因素间存在的多种联系。但是，由于个案调查取样单一，代表性较差，不适用于推广经验类的相关研究。

（三）按调查方式划分

1.问卷调查

问卷调查是一种利用书面形式搜集资料的常用的调查方法，研究者将研究课题设计成若干具体的问题，编制成书面问卷，要求调查对象进行书面回答，进而对收集的数据进行统计分析，得出相应结论。问卷法总是为一定的研究目的服务的，因此，必须根据研究的理论框架和心理量表及问卷设计的原则进行严格的设计和编制。问卷法适用的研究问题也很广泛，采用问卷法，可以系统地了解人们的满意度、基本需要、学习和工作动机、工作负荷、工作疲劳、群体气氛、领导作风、价值观和态度等。例如，要收集夫妻之间婚姻冲突方面的信息，就可以从婚姻冲突的频率、强度、原因、方式等方面设计开放式或者封闭式的问题，对他们进行问卷调查。问卷调查法具有操作简单易行；易获得真实信息；资料搜集和处理较容易；调查成本较低，能在较短时间进行大范围的资料搜集。同时，问卷调查法也存在问卷设计较为复杂，回收率、有效率和问卷信效度难以保证，缺乏人员沟通致使调查难以深入等多方面的局限性。

2.测验调查

测验调查是指研究者按照某些规则或标准，利用测验量表来收集数据资料，进行统计分析后，将所调查或研究对象的属性以数量化的形式表明研究对象特征或水平的过程。例如，阿舍等人编制的专用于3～6年级学生的儿童孤独量表就被广泛用来测量儿童孤独感的发展特点；卡特尔的16种人格因素量表则被广泛用于成年人人格的测量。现有心理测验种类很多，如智力测验、能力倾向测验、人格测验、教育测验等。测验的编制和实施都有严格规定的标准化程序。测验法用数字或等级对拟测心理行为特征进行描述，操作较简便，评定标准较确定，便于进行数量化处理，并能在短时间内获得大量数据。同时，测验法也存在一些局限性，目前所使用的测验量表还不够完善，存在信度和效度数低等缺点。另外，由于受经验和一定文化条件的影响，测验只适用于某种特定范围。测验分数一般只表明"结果"，不能反映心理某方面的过程或质的特点，也难以解释结果产生的原因。

3.访谈调查

访谈调查又称访谈法或访问法，是指通过与调查对象的交谈来搜集相关资料的一种方法。访谈调查是研究性的谈话，即一种有目的、有计划、有准备的谈话，针对性很强，谈话的内容紧紧围绕着研究的主题展开，通过询问来引导被访者回答，以此来了解调查对象的行为与态度，从而完成调查目的。例如，管理心理学中的双因素动机理论就是通过访谈法进行研究而建立的；在一些心理学实验研究中，也通过访谈法向被试了解其心理体验、感觉、信心和自尊等方面的反应，与其他实验指标结合在一起，取得比较全面可靠的结果。目前，在心理学各个领域（除了动物心理研究）的研究中都越来越多地运用了访谈调查。它的优点包括：能使研究者获得及时的信息反馈，适时掌控谈话内容的发展与变化，搜集资料真实性较高，调查适用面广，尤其适用于个案研究。访谈调查局限性也很明显，主要是对访谈结果的处理和分析比较复杂，要求由专门的人员进行；访谈人的价值观、信念和偏向也会影响被访人（注：即调查对象或研究对象或被试）的反应，必须事先进行适当的访谈技术训练；访谈工作比较花费时间和精力，因此代价比较高。

三、调查法实施的具体步骤

研究是以提出问题作为开端，以问题的解决作为终结。调查法的具体步骤划分为确定调查选题、选择调查对象、编制调查工具、制订调查计划、实施调查研究、整理分析资料和撰写调查报告共7个部分。

（一）确定调查选题

在确定调查的选题时，研究者应依据必要性、科学性、创造性、经济性、发展性与可行性的原则来选择课题。通过对心理学领域中现实问题和发展趋势的探讨，来选择调查的课题。收集、查阅相关文献资料，确定课题的地位，并获得如何进行研究的思路和方法。根据对研究目的和研究问题的初步探索，提出研究假设。

（二）选择调查对象

选择恰当的调查对象是课题研究得以实施的首要环节。调查对象既可以是个人又可以是一个群体，调查对象选择得恰当与否会直接影响到调查结果。不同的调查选题，需采用不同的方法来抽取调查对象，但必须保证所选取的调查对象具有较强的代表性。

（三）编制调查工具

调查法使用的工具主要是指调查问卷、访谈提纲或测量量表等。编制调查工具大体分为三步：第一，编制调查提纲；第二，根据调查提纲的内容进一步确定每个维度上所包含的具体问题；设计并编制出调查问卷、访谈提纲或测量量表；第三，通过试发、试做，确保调查工具的信度与效度，修改、完善成为最终的调查工具。

（四）制订调查计划

调查计划是指调查工作及其过程的程序安排，包括：确定调查课题与调查目的；选择调查范围与对象；规定调查的具体内容；选择调查的手段与方法；确定调查实施步骤与日程安排；合理进行调查的组织与分工；明确调查报告完成的日期等内容。在此过程中，明确每个阶段的工作任务和要求，确定研究的组织形式，列出研究人员之间的分工责任与培训，确定研究进度的安排以及研究经费的预算等。

（五）实施调查研究

实施调查研究是整个调查过程中最关键的阶段，它按照设计的内容和要求系统、客观、准确地对调查对象进行调查，搜集有关资料。为获取真实可靠的信息，调查人员须做好前期相应的准备。如，熟悉调查对象的基本信息、特点及他们的生活环境；有效对调查的过程进行监控，注意调查对象所回答内容的真实性、准确性与完整性，以确保所收集资料的质量。

（六）整理分析资料

整理分析资料需对收集到的资料的真实性、准确性和完整性进行审查，并通过分类、整理、加工，将调查获得的原始资料简化、系统化、条理化，运用统计的方法研究现象的数量关系，揭示事物发展的规律、水平与问题，探寻问题产生的原因，归纳出理性的认识结论。资料呈现的表述通常包含两类：一是叙述性资料，即用文字的形式对资料加以整理；二是数据性资料，即用统计表、列表法和图示法对资料加以表述。

（七）撰写调查报告

所撰写的调查报告应包括：将调查研究的过程与结论等内容以文字的形式进行系统的归纳、总结，并进一步提出相关的建议与措施。

四、调查法的实施方法

调查的实施可以采用主试（注：即研究者或调查者或调查人员；以下同）和被试面对面的直接调查形式，也可以通过邮寄调查法、电话访谈法、网络调查法获得调查数据。

直接调查是在主试的直接管理下，被试当面完成调查材料的填写。在调查前，主试要事先经过严格培训，主试不仅负责调查材料的发放与回收，还要负责被试的管理与指导，比如，要指导被试如何作答、解答被试的疑问、控制现场可能存在的无关变量等。主试在现场就可以了解被试提出的一些疑问，这有利于研究者发现调查中存在的问题，在后期进行数据分析时做到心中有数。直接调查可采取集体施测的形式，也可以个别施测。但无论哪种形式，主试对调查过程的管理和指导都是非常重要的。因此，在可能的情况下，应该由主试（最好是研究者本人）进行直接调查。

然而，有些情况下，主试无法面对面地直接调查被试，这时可以采用邮寄的方式。邮寄调查通过将自填式问卷邮寄给个体的方式展开，该方法要求调查对象自行填写问卷。该方法的优点之一就是高效快捷，避免了面对面调查的很多麻烦（如调查场所的要求、交通等）。然而，邮寄调查也存在很多的局限：由于填答过程缺乏控制，可能会产生很多误差，致使邮寄调查显得不严谨。邮寄调查的另一个问题是无法保证材料的回收率，回收率通常很低。

对于一些比较简单的调查内容（最好是封闭式问题），若能在三五分钟内完成，则可以采用电话调查，即为电话访谈法。在拨通电话征得调查对象同意后，调查者则朗读题目，等待调查对象回答，然后代为填答调查表。电话调查也存在缺陷：当受访者只局限于拥有电话的人群，那么就可能产生选择偏差，同时也还可能存在访谈者偏差。除此之外，调查对象的耐心有限，而且由于调查者没有出现在受访者面前，这也可能会导致与面谈法不同的反应。希普勒和施瓦茨（Hippler & Schwarz，1987）认为，在电话访谈中人们进行判断的时间很短，这可能导致他们无法有效记住访谈者提出的选项。

近年来随着网络技术的发展和广泛使用，网络调查也不断增加。网络调查法，是指主试借助软件可以对测试题目的呈现、测试过程、被试随机分配等进行有效控制，被试在回答后只要按提交按钮，计算机可以自动实现数据保存。因此与邮寄调查法、电话访谈法相比，该方法能够节约大量的时间和人力。由于网络调查法中采用的是在线问卷，因此能够保护自然资源，节约成本。调查对象可以在有空时填写问卷，而且对完成问卷的场合亦无限定，无论是家中、办公室、宿舍还是其他地方，只要是能上网的场合均可。类似于电话调查，网络调查也存在样本偏差、虚假作答等问题，缺乏对调查过程的全面控制，会大大增加误差因素。

第二节　问卷法

问卷法（即，问卷调查法）是心理学研究中常用的收集资料的方法之一。在心理学一些现场应用研究中，由于各种条件的限制导致无法进行现场实验，因此，问卷法的作用就越来越重要。管理心理学、教育心理学、儿童心理学和消费心理学等方面的心理学研究，都逐渐以问卷法作为主要研究方法，就是专门研究人机关系和仪表设备设计的工程心理学和工效学专家，也已经认识到问卷方法在许多实验研究中的功效了。目前，问卷法在心理学研究中已经逐渐占据了非常重要的地位，在揭示个体的心理活动规律中发挥着重要的作用。

一、问卷法的特点

（一）统一性

问卷法最大的特点是统一性，它的标准化程度较高，是用严格按照要求统一设计和固定结构的问卷进行研究。问卷调查对所有的调查对象都是以同一问卷进行提问，为便于调查对象作出回答，往往会给出一定范围内的多个答案，供调查对象选择。这将有利于调查者对某种社会同质性调查对象的平均趋势与一般情况比较分析，又可以对某种社会异质性的被调查者的情况进行比较分析。就整个问卷法的研究过程来说，问卷的设计、问题的选择、问卷法的实施及问卷结果的处理和分析等都严格按照一定的原则和要求来进行，从而保证了问卷法的科学性、准确性和有效性，避免了研究的盲目性和主观性。

（二）高效性

问卷调查之所以被广泛使用，最大的优点是它的简便易行。它能在较短的时间内收集到大量的资料，且由于调查对象是根据统一的问卷要求回答问题，因此收集到的资料也便于进行定量处理和分析，同时也可以借助计算机进行处理和分析，可以节省人力、物力、经费和时间，具有较高的效率。因此当调查者由于某些客观条件无法使用其他方法，或需快速收集资料得到结果时，问卷法都是调查者首先选择的基本调查方法之一。

（三）客观性

问卷调查通常采用匿名形式，有利于调查对象毫无顾忌地表达个人的真实情况与想法，尤其是问卷中涉及较为敏感或隐私的问题时，匿名的调查形式有助于获取较为真实、客观的资料。

二、问卷法的类型

（一）按问卷中问题的结构划分

根据问卷中问题的结构，可将调查问卷分为结构式问卷与非结构式问卷。

结构式问卷采用封闭式问题，被试只需要从预先给定的答案中根据自己的情况选择一个或几个合适的答案。结构式问卷回答简单方便，资料便于整理。但是它缺少灵活性且深入性不足。由于答案是固定的，因此难以发现被试回答上的细微差异；特别是当备选答案不能完整、深入地表达被试所要传达的信息时，其缺陷更为突出。

非结构式问卷的问题虽然是统一的，但并没有预先给定可供选择的答案，而是让被试根据自己的情况自由回答，能得到丰富多彩的信息。非结构式问卷不受所提供答案范围的限制，被试可以独立地、自由地发表看法；适合于研究者对不了解的问题进行探索性的研究；便于赢得被试的合作，他们会把答卷看成是自己的自我表达和一种创造的机会；对那些较复杂的问题，非结构式问卷更可取。但由于问题答案没有统一的格式，整理起来难度较大；由于自由作答，可能产生无价值或不相干的资料。

非结构式问卷主要用于探索性研究，正式问卷通常以结构式问卷为主。鉴于结构式问卷与非结构式问卷的特点，研究者们常常依据具体情况选择适当的类型，并在很多情况下将二者结合起来使用。

（二）按使用方式或填答方式划分

根据使用方式或填答方式的不同可以将问卷分为自填问卷和访问问卷。

自填问卷是由被试本人填写的问卷。而自填问卷又根据发送到被试手中的方式不同分为邮寄问卷和发送问卷。其中，邮寄问卷是通过邮局寄发给被试，被试填写完成后，再通过邮局寄回给研究者。发放问卷则是由研究者或其他人将问卷送到被试手中，被试填写完后再由研究者或其他人逐一收回。这种自填问卷的优点是可以在较短的时间内收集到大量的资料，并且由于被试在填写问卷的时候不会受到其他人员在场时可能产生的干扰，所收集资料的可靠性更高。同时，由于研究者不在现场，无法控制被试的作答过程，如被试与他人对问题的讨论等，可能会影响到研究的效度。

三、所使用问卷的结构

一份结构完整的问卷应包括标题、前言、指导语、问题和结束语等几部分。下面大致介绍每一部分的内容和功能以及设计要求。

（一）问卷的标题

标题即问卷的题目，是对问卷内容和目的的简洁而明了的反映。被试根据问卷的标题，就可以了解到问卷的性质或目的，所以问卷的标题对于了解问卷具有重要的作用。通常一个简单的问卷只有一个标题，要是若干问卷组成的成套问卷可以有两级标题，即整个调查的标题以及每个问卷的标题，但是标题的层级不能过多，否则有杂乱之感，也不便于被试的理解。常见的问卷的标题有"小学生学习动机的问卷调查""中国人主观幸福感问卷调查"等。有时候也常常把"问卷"称为"调查表"，事实上，这两者是通用的。问卷的标题最好能呈现调查或研究的对象，如前面"小学生""中国人"等。但是，当研究主题是关于比较敏感或个人隐私的内容，可能会让被试感觉不舒服，甚至影响其合作意愿，为了避免被试对研究主题的防御作用而产生拒绝回答的现象，这时候可将这些敏感的话题改用较中性的词语来表示，如将"中学生早恋行为调查问卷"改为"中学生生活经验调查问卷"。

（二）指导语

指导语是问卷结构中必不可少的部分，其作用在于向被试说明与解释问卷的性质、目的以及作答方式。指导语包括的内容要全面，但要做到简洁、有可操作性。对于个别有特殊作答要求的题目，可以在相应题目中给出指导语，在整个问卷之前的指导语部分，只是整个问卷的一般性指导。指导语根据说明的内容不同，可分为两个部分：第一部分是说明问卷的性质与目的，通常置于问卷标题的下方与问卷的内容之前，这一部分通常包括致谢语、为被试保密语以及问卷的编制者等相关信息；

第二部分是作答方式，包括明确选择题是单选还是多选，在选项上画钩还是画圈，或者填写在答题卡里；开放问题也要明确作答方法与具体要求。样例如下。

您好：

本调查旨在了解个人学习方面的情况。感谢您在百忙之中参与调查，请您将自己的实际想法、做法与题目所陈述的情况相对照，然后选择一个与自己的实际最接近的答案。请将您感觉最合适的答案代号写在题后的括号中，注意每题仅能填写一个答案。您回答的结果是本研究能否完成的关键，请您认真阅读填题说明，并根据您对每一问题的实际想法逐题填写或选择。问卷采取无记名方式，且仅供研究分析，不会做其他用途，敬请放心作答。您的回答不会记入任何档案，我们会为您保密。谢谢您的合作。

调查人员或组织机构名称

（三）问题与答案的设置

问题和答案的设置是构成问卷的主体部分。问题是问卷的核心内容，编制的问题要简单明了，要适应被调查者的文化程度和理解能力，符合研究的目的和要求。从回答形式上看，问题可以分为封闭式和开放式两种。封闭式问题由问卷提供答案选项，调查对象只能从中选择一个或几个作为答案。开放式问题不提供答案选项，调查对象可以自由回答问题而没有任何限制。开放式问题常能提供更为丰富的研究材料，但对其答案进行归类和统计是比较麻烦的，其对调查对象的要求也较高。问题要尽量简短。要合理组织问题的排列方式：通常作答方式一致或相近的问题放在一起，内容相近的问题放在一起；事实性问题先出现，关于观念和想法的问题后出现；封闭性问题先出现，开放性问题后出现；此外，容易相互干扰的问题要分开排列。

（四）结束语

问卷的最后是结束语。它通常包括两种类型：一是以简短的语言表达对研究对象合作的感谢；二是让调查对象补充说明有关情况，对有的问题作更深入的回答，或谈谈对问卷有何看法和建议。

四、问卷法的设计

（一）确定问卷调查目的

在进行问卷调查的过程中，调查目的是首先要考虑的问题，因为调查目的是问卷设计的灵魂，是问卷调查的出发点和中心，它决定着调查的各个方面，如调查对象的选择、调查范围的确定、调查内容的设计、调查结果的分析等。因此，在问卷调查开始阶段，首先应该明确调查目的。

（二）问题与答案的设计

研究目的是问卷设计的核心，它决定着问卷的内容和形式。问题与答案是问卷调查设计中的核心问题。

1.非结构式问卷设计

非结构式问卷设计，也称开放式问卷设计，即在问卷设计时，只提出问题，事先不列出答案，让被试用自己的理解和语言来回答问题。例如：在选择伴侣时，你最看重哪些因素？最不看重哪些因素？你与你父母相处得怎样？你对你自己所学的专业是怎样认识的？

2.结构式问卷设计

结构式问卷设计，也称封闭式问卷设计，是指要按照标准化测验的要求设计题目和答案，答案要准确，符合实际，便于选择。结构式问卷设计的问题与答案一般可以采用以下几种方式。

（1）选择式

选择式即有两种或两种以上的答案可供自由选择，其包含单项选择和多项选择两种形式。

例如，你觉得你所在单位的领导在工作中采取了哪一种领导作风？

民主（　　）　　　放任（　　）　　　专制（　　）

（2）是否式

是否式也可称为二项选择式，即让被试以"是"或"否"、赞成或反对，对问题作出回答。

例如，你认为幼儿长时间看动画片对其自身发展有害？

是（　　）　　　否（　　）

（3）等级量表式

等级量表式也叫评比量表式、李克特量表式或点式量表，即将备择答案按一定的标准列出若干个等级，让被试从中作出一个选择。

例如，您认为幼儿的膳食结构合理、营养均衡对促进儿童发展特别是智力发展具有（　　）作用。

A.非常重要　　　　　B.比较重要　　　　　C.一般

D.不太重要　　　　　E.一点不重要

（4）等距量表式

等距量表式是指选择答案不是一个固定的数值，而是一个区间。

例如，你每天学习的时间是（　　）。

A. 15分钟以下　　　B. 15～30分钟　　　C. 31～45分钟

D. 46～60分钟　　　E. 60分钟以上

等距量表的答案按一般定义是连续的而不是离散的，答案种类过多往往在一个封闭式问题中容纳不下，因而被试往往选择组距两极端的。

（5）语义差别量表式

语义差别量表式即指用一系列描述所研究事物的互为反义的形容词来测试被调查者的态度。

例如：你对整容的看法如何？请在下面每条横线上的适当位置做个记号。

```
          1   2   3   4   5   6   7
正常的     __  __  __  __  __  __  __    不正常的
安全的     __  __  __  __  __  __  __    危险的
不贵的     __  __  __  __  __  __  __    贵的
赞成的     __  __  __  __  __  __  __    反对的
坏的       __  __  __  __  __  __  __    好的
无吸引力的  __  __  __  __  __  __  __    有吸引力的
不能接受的  __  __  __  __  __  __  __    能接受的
健康的     __  __  __  __  __  __  __    不健康的
```

采用语义差别量表可以评价一个事物在不同维度上的得分，即可以发现事物在哪些方面是优点，哪些方面是缺点，其统计方法与评比量表相同。

3.题目排序的基本要求

问卷中问题的排序及其相互之间的内在联系，会影响被试的作答动机及反应。一般来说，问题的排序须符合以下的原则。

（1）容易的问题在前

一般性的问题，调查对象熟悉的、简单易懂的问题放在前面，特殊性问题或不易回答的问题应放在后面。由于特殊性问题或不易回答的问题费时，放在前面令人望而生畏而导致调查对象拒答。敏感性的问题，如调查对象的态度和看法等则应放在靠后的位置。

（2）开放式问题在后

由于开放式问题需要调查对象花费较多时间思考与回答，所以，为避免给调查对象留下填写问卷需要花费很多时间与精力的错觉，帮助调查能够顺利地开展。问卷中，通常将开放式问题放在问卷的结尾部分。

（3）问题排序逻辑化

整个问卷需注意按照自然的、具有逻辑性的、谈话式的方式来排序。从时间框架上看，尽量将询问同类的问题排列在一起，以防破坏调查对象的思路和注意力，避免其产生不安的情绪，便于顺利获得调查资料。

问题排列的顺序，要适当按照内容或问题形式对问题归类分组，同类问题放在一起呈现。通常先客观问题，后主观问题；先封闭问题，后开放问题；先呈现测查核心变量的问题，后呈现测查相关因素的问题；先呈现简单的问题，后呈现复杂或敏感的问题。当然，具体组织方式要依据情况而定。

4.题目表述的注意事项

决定使用问卷法进行调查时，首先应做好问卷题目的设计工作。这是关系到调查结果质量的关键所在，研究者应予以足够的重视。下面罗列一些常用的编题原则和要求以及容易出现的问题。

（1）语义清晰明确

问题应明确具体，不可让人读不懂，不可模棱两可，产生歧义。调查对象要能够看得懂问题，明白问题所问为何，保证调查对象对问题的理解与研究者设计的原意相一致。例如，"您父母经常吵架吗？"其中，题目中"经常"就是一个笼统的概念，每个人对时间的感知能力均不同，易造成歧义。

（2）主题单一，避免一题多问

题目表述应只有单一中心主题，即最好采用一问一答式问题形式，避免一题多问。否则，在回答问题时，易造成调查对象忽略其中一个，致使信息获得不全；同时，也可能造成由于调查对象中赞成其中一个观点，而无法进行作答，形成无效问卷。例如，"你喜欢心理学和教心理学的老师吗？"答案又限定为"喜欢"和"不喜欢"两个选项，这种情况下，被试就无法回答。假定喜欢心理学，但不喜欢老师，该选哪个答案呢？

（3）避免双重、多重否定

单一问题中表达应准确，防止出现语法错误，问题中还需要避免双重否定或多重否定，以减少调查对象混淆、误解题目的含义，致使收集到错误信息。例如，"你（大学生）是否反对在非学习日，包括周末与假日，不实行按时熄灯的规定？"该问题可转化成"周六周日是否应按时熄灯呢？"

（4）避免诱导性、社会人效应问题

语言表达、意义诱导性是指在题目表述中对答案的暗示性和倾向性明显，即研究者在题目设计时，为调查对象提供了线索、暗示或引导，使得调查对象作出研究者所预期、所期望的反应，导致答案的真实性、客观性受到重要的影响。例如，"遵守交通规则是每个人的义务，你最近一周是否闯过红灯？"此提问方式就隐含了研究者的感情色彩，具有较强的引导性，限制了回答范围。同时，题项也要避免调查对象为了使个人的答案符合社会认可，具有可接受性，而不去选择违背社会规范或受人指责的答案。例如，"你看到一个孩子跌倒了怎么办？"选项包括："扶起他，安慰他，送他回家""认为事不关己，故当作没看见""心想：活该，谁叫你不当心"。最后两个选项中的做法显然为社会道德所不齿，大多数人不会选它们。

（5）数量适中，时间合理

问卷要适当控制题目数量与答卷所用的时间。一般而言，问卷需保证能在半小时内完成，时间越长，问卷的回收率、真实性及信效度就相应降低。而题目设置过少又将导致信息搜集过少、测量误差较大等问题，因此，数量应控制在70题以内，以30～50题为宜。

五、问卷法的实施

问卷法的实施程序一般包括：被试的选取、分发及回收问卷和分析问卷及结果处理（董奇，2004）。

（一）被试的选取

在被试的选取上，通常采用抽样的方法，比如，简单随机抽样、分层随机抽样等，具体采用方法可根据具体情况而定。由于心理学研究对象的特殊性及问卷法本身的局限性，问卷的回收率和有效率都不可能达到100%。因此，在选取被试的时候，尽量多于所需的研究对象。但是也不能随意地多选取被试。具体的需要可以根据研究者对问卷回收率和有效率的判断作出更加具体的预计。

（二）发放与回收问卷

问卷的发放、回收对问卷调查的质量也有至关重要的作用。问卷可以由研究者本人亲自到现场发放，也可以委托他人发放，两者各有优缺点。委托他人出面发放问卷会比较方便，但若研究者能亲自到场发放，能亲自给予解释，这对于提高问卷的填写质量和回收率是有利的。研究者也可以通过网络平台发送给调查对象，要求调查对象按照要求填写问卷，并在规定的期限内通过网络平台回收问卷。

现场发放的问卷，回收时要当场粗略地检查填写的质量，检查是否有漏填和明显的错误，以便能及时纠正，保证问卷有较高的效率。因为问卷收回后，无效问卷多，就会影响调查质量。这项工作最好由研究者本人亲自在场指导，或必须向委托人提出明确的要求。

（三）结果处理与分析

为了保证研究的科学性和精确性，为了结果的处理和分析，研究者通常需将回收上来的问卷进行分类、剔除无效问卷和编号、登记等。整理好回收得到的合格问卷后，研究者就可以按照既定的维度对结果进行处理和分析。

第三节　访谈法

访谈法是心理学和各种社会科学研究的一种常用方法。访谈法，虽然在形式上类似日常谈话，但作为科学方法的访谈有着严格的方法学要求，访谈是根据特定的科学目的，根据设计和编制原则来实施资料收集的过程。因此，访谈不同于日常生活中的"聊天"或者一般的交谈，在科学研究中有重要的使用价值。访谈法是研究者通过与研究对象的交谈来收集有关对方心理特征与行为的数据资料的研究方法，访谈法是心理学研究中运用最广泛的研究方法之一，特别是在心理学应用研究中，常常用访谈法了解人们的态度、看法、感受和意见，从而对他们的各种心理特征和活动进行研究。

一、访谈法的特点

（一）交互性

访谈法具有交互性特点。访谈法是研究者与所研究对象之间的一种社会交往过程，在这个过程中访谈者（注：即前文中的主试、调查者、研究者）和访谈对象（注：即前文中的被试、调查对象、研究对象等）之间形成了一种社会互动关系。因此，访谈法是访谈双方之间的一种社会过程和社会交往的产物。整个访谈的过程就是访谈者和访谈对象之间的相互作用和相互影响的过程。访谈过程中，访谈者通过提问的方式作用于访谈对象，按照预定的计划，使访谈对象尽可能全面、坦率地回答问题。访谈对象通过对问题的回答反作用于访谈者。访谈是访谈者和访谈对象相互交流的过程，可以借助这种人际互动过程，灵活地探知研究需要的信息和资料。访谈双方的心理特征、态度、动机、知觉和行为等相互作用和影响，以及访谈所处的情境、信息传递的性质等都会影响到访谈的效果。

（二）直接性

访谈法的另一个特点是直接性，访谈法不同于其他的研究方法。访谈法是访谈者与访谈对象面对面的交谈，访谈对象必须对访谈者的问题作出直接的回答。而访谈者和访谈对象都是有思想、有感情的人，因此访谈者必须具备良好的人际交往能力。访谈对象只有在信任的基础上，才有可能作出真实的回答。同时，访谈者必须积极配合访谈对象，并且使用恰当的对话方式，使访谈对象能够全面、准确地说出他们的观点、态度、意见等。

（三）深入性

访谈法能揭示深层的信息。心理学研究的真正对象是心理，研究行为是为了间接推测心理，而访谈是直逼内心深层的方法。观察和实验等方法往往只能了解研究对象的外显行为及其与特定变量间的关系，而难以直接了解他们做出这些行为的深层次原因；而问卷调查法也无法深入地调查深层次的原因。探讨个体深层原因可能最适于使用访谈方法来研究。

（四）科学性

访谈法还有科学性的特点。访谈法是按照科学的目的，并且通过一整套设计、编制和实施原则来进行的。这在很大程度上保证了访谈法的科学性、有效性、客观性等，使访谈法不同于一般的交谈或是日常生活中的"聊天"。也正是因为访谈法的科学性，目前访谈法在心理学研究中占据着举足轻重的地位，并发挥着重要的作用。

二、访谈法的类型

访谈法不是一种单一的研究方法，而是一系列研究方法。虽然它们都是一种以研究为目的的交谈，但依据研究性质、对象和媒介的不同，访谈法可以从不同的角度划分为许多种类。访谈研究根据研究目的、性质或对象的不同而划分为不同的种类。

（一）结构访谈和非结构访谈

根据访谈研究的控制水平或标准化水平，访谈法可分为结构访谈和非结构访谈。

结构访谈又称为标准化访谈，指按照统一的设计要求而进行的访谈，具有固定结构的问卷。它是一种有指导性的、正式的、事先决定了问题项目和反应可能性的访谈形式。结构访谈的特点是整个研究在设计、实施和资料分析的过程中标准化程度非常高。结构访谈对选择访谈对象的标准和方法、所提出的问题、提问的方式和顺序、访谈对象回答的方式、访谈记录的方式等都已经标准化了，有时甚至对访谈的时间、地点、周围环境等外部条件也要求基本保持一致。结构访谈的优点在于结果便于统计分析，对于不同访谈对象的回答易于进行对比分析。但是，这种访谈方法缺乏弹性，使访谈者难以根据当时的具体情况，灵活地采用适当的方式进行访谈，难以对问题进行深入探讨。

非结构访谈又称非标准化访谈。与结构性访谈不同，非结构访谈方法对于研究的标准化程度要求比较低，事先并不规定访谈的标准程序，而只有一些大致的访谈主题或范围，访谈者和访谈对象可以就这个主题进行比较自由的交谈，甚至有时候就是随意地"闲聊"。非结构访谈是一种非指导性的、非正式的，且能够自由提问和作出回答的访谈形式。这种方法之所以不十分强调标准化，是因为研究的重心不是从访谈结果的差异中来发现受访者之间的差异，而是通过将不同访谈对象的讲述归纳在一起，"重建"或"重现"某种研究者未知的社会事实或文化，或者挖掘访谈对象谈话的深层意义。因此，访谈者需要让受访者畅所欲言，需要尽可能地从多方面或多角度向受访者发问和追问。非结构访谈有利于发挥访谈者和访谈对象的主动性、创造性，有利于适应各种访谈对象的具体和特殊情况，有利于拓宽和加深对问题的研究，也有利于处理原来访谈设计方案中没有考虑到的新情况、新问题。但是，非结构访谈的结果难以进行定量分析，对不同访谈对象的回答难以进行对比分析，访谈资料及其分析都容易受到访谈者主观意图的干扰或污染，而导致结果失真。此外，该方法对访谈者的要求比较高，在研究实施和分析阶段都需要花费相当长的时间，因而这类访谈不适合那些需在较短时间内完成的项目。

（二）个别访谈与集体访谈

根据访谈对象的数量，访谈法可分为个别访谈和集体访谈。

个别访谈通常只有一个访谈者与一个访谈对象。在访谈过程中，还可以随时调整谈话速度，对于非结构访谈而言，还可以随时追问。个别访谈的特点主要表现在，访谈对象能够有较多的机会与访谈者进行交流，因此能够对问题进行深入、全面的了解。个别访谈的这些特点在集体访谈中就很难体现出来。正因为如此，个体访谈往往比集体访谈更为常用，尤其是对一些敏感问题的研究。

集体访谈是由访谈者同时对多个访谈对象进行的访谈。访谈过程中，访谈对象相互之间就有关的问题进行讨论，这时访谈的结果未必只代表了某个访谈对象的观点和看法，可能包含其他人的社会影响。集体访谈特别适合于对群体心理过程进行研究。例如，20世纪40年代，著名社会学家默顿使用集体访谈的方法研究了政府发放战争宣传品的效果。他将一些具有同类社会身份的人聚集在一起，请他们就某类战争宣传品对他们个人和家人的影响进行讨论。通过观察不同参与者对同一主题进行交谈，可以了解他们看待问题的多种角度、观点的相互纠正以及他们之间的其他各种人际互动信息（陈向明，2000）。集体访谈具有很多个别访谈所不具备的优势，集体访谈是多个访谈对象同时参与就某个问题发表自己的看法，因此，可以为访谈对象提供一个相互交流的机会。由于人们在集体环境中的表现往往与个人单独的表现不同。因此，在集体访谈中访谈者可以了解访谈对象在集体互动中的表现。一些社会心理学家在考察群体心理和行为时，特别喜欢利用这种集体访谈方法。但是，也正是由于处在集体环境中，访谈对象可能会对某些问题隐瞒自己的看法。

在实际研究中，个别访谈和集体访谈可以结合起来进行，以提高研究结果的效率。并且从不同的条件下获得的研究结果可以相互补充、相互验证。

（三）直接访谈和间接访谈

根据访谈时访谈者与访谈对象的接触方式，访谈研究可分为直接访谈和间接访谈。

直接访谈是指访谈者与访谈对象之间发生的面对面的访谈活动。直接访谈的突出特点是，访谈者与访谈对象直接相互影响、相互作用。访谈者不但能广泛、深入地探讨有关问题，了解访谈对象的思想、态度、情感和其他各种情况，而且还能亲自观察访谈对象的有关特征和他们在访谈过程中的许多非言语信息，从而加深对谈话内容的理解，利于判断访谈结果的真实可靠性。但是，由于直接访谈首先是人与人之间的直接交往过程，访谈者与访谈对象相互直接作用可能会对访谈结果产生影响。

间接访谈是指双方通过电话、网络等通信工具进行的访谈活动。间接访谈的主要方式就是电话访谈。电话访谈适用于访谈内容较少、较简单的调查研究，其优点是收集数据资料省时省力，对于某些不适宜于面对面交谈的问题可以通过电话访谈来进行。与直接访谈相比，间接访谈的速度快、效率高，更节省时间。但是间接访谈也有缺点，电话、网络等媒介不容易进行长时间的交流，访谈者难以深入探讨有关问题，更不能直接观察访谈对象的有关特征和各种非言语信息，这不利于对访谈结果的分析与解释。

三、访谈法的设计

访谈法因其独特的方式，弥补了其他各种心理研究法的缺陷。事实证明通过访谈法得到的结果比其他心理学研究方法得到的结果更为丰富、全面、深刻、完整。但这并不代表访谈法是完美的，也正是因为其独特的方式，常常使其在进行过程中很难做到准确控制。访谈者需要对访谈研究进行精心的设计，以确保研究过程和研究目的之间的一致性，确保研究的有效性。

（一）确定访谈研究的目的

访谈研究的设计首先就是要明确访谈研究的目的，并将其进一步具体化，即确定访谈研究的各种具体变量。进行访谈设计时，首先需要将一个比较笼统的大的研究目的和问题具体化成一个限定的研究目的和问题，并提出自己对研究问题的各种具体假设。明确访谈研究的目的，详细列出研究涉及的所有变量，在此基础上，再选择访谈研究的侧重点，详细列出研究变量。这一步工作如果未做好，将直接影响到以后的设计工作和整个研究的质量。

（二）访谈对象的选取

访谈对象的选取取决于研究问题。如果研究问题是针对特定人群提出的，那么在选择访谈对象时，首先要考虑实际访谈对象对于特定人群的"代表性"。如果研究问题是针对某种社会文化现象提出的，而不针对特定的人群，那么研究者就要尽量去找这种社会文化现象的"知情者"。同时，研究者（或访谈者）要尽量保证这些知情者的多样性而非代表性。要根据研究目的或问题的性质，确定合适的筛选访谈对象的原则和策略（陈向明，2000）。

（三）访谈问题形式的设计

在确定研究目的和研究变量后，需要进一步考虑访谈问题。首先是访谈问题的具体形式。在访谈设计中，访谈问题的形式主要是封闭式问题和开放式问题。

封闭式问题要求访谈对象在事先确定的几个选择答案中选择一个自己认为最适合的答案。比如，"你们班里是不是大多数同学都感到新的奖学金制度能够提高学习积极性？"和"你认为自己的英语水平是非常好？还是一般？还是很差？"，这两个问题就是封闭式问题。封闭式问题使受访者更便于回答，进而访谈对象的合作率更高，缺失数据会更少。这种反应的便捷性也使得封闭式问题在记录的准确性等指标上更好，封闭式问题可以使访谈者对访谈对象反应的分析，特别是编码、量化和比较更为便捷。因此，封闭式问题可以节约访谈对象的时间、精力，但同时也限定了访谈对象的反应范围，缺乏灵活性。

开放式问题则是访谈对象根据自己的想法，用自己的语言来作出自由回答。例如，"你们班里同学感到新的奖学金制度怎么样？"和"请谈谈你在英语学习方面的情况。"开放式问题的优点是受访者可以按自己的方式，充分自由地对问题作出回答，不受任何限制。这种回答的自发性能够最自然地反映出回答者各不相同的特征、行为和态度。因此，开放式问题所得到的资料往往比封闭式问题所得到的资料丰富得多、生动得多。特别是它常常可以得到一些访谈者事先未曾料想到、未曾估计到的资料，有利于访谈者了解额外信息，对不明确的回答进行追问等。但是，开放式问题计分困难，带有更多的主观性。

访谈研究设计，究竟选用封闭式问题还是开放式问题，要根据访谈的目的、访谈对象的具体情况、访谈者的有关知识经验来定。一般来说，以下两种情况是比较普遍的（董奇，1992）：一是在进行一项访谈研究时，访谈者对访谈对象有关情况不了解，常常需要在研究开始阶段采用开放式问题，以取得有关基本情况和资料，进行定性分析；研究后期，在此基础上再设计出若干封闭式问题，去收集有关数据资料，以便进行定量分析。二是访谈问卷开头安排封闭式问题，了解访谈对象的有关基本情况，如性别、婚姻状况、教育水平、职业、职务等。之后，再安排一些开放式或封闭式的问题或两种形式并用。

（四）访谈问题的组织与编排

根据访谈研究的结果，在访谈问题的设计时，还要考虑如何将多个访谈问题组织和编排在一起，以便谈话自然地从一个话题转到另一个话题。

① 设计访谈问题的编排顺序时，一般采用"漏斗顺序"，问题的编排使得问题由广泛、一般到具体，由较大的问题到小问题，问题过渡自然，即由一般的宽泛型问题逐步聚焦到具体的、针对特定事件的问题。例如，先问一般的健康状况，再询问特殊的疾病。

② 访谈初期的问题起到说明背景、激发兴趣的作用。谈话开始最好问一些事实性的问题，内容要简单，这样有助于访谈对象与访谈者建立融洽的关系，以便于交谈。重要的问题应放在中部，容易引起不愉快或疑惑的问题尽可能排在后面。

③ 对复杂课题，应多用复合性问题或多重问题。在采用多重闭合式问题时，应采用随机化原则，使问题陈述形式有所变化。

四、访谈法的实施

虽然良好的设计可以在很大程度上保证访谈研究的效度，但是，访谈质量的高低不但取决于访谈设计是否契合研究问题，而且取决于访谈者和访谈对象之间所建立的访谈关系。这种关系的建立更多依赖于访谈实施过程中的一些具体的互动细节。访谈法的实施程序包括：访谈前的准备工作、访谈过程、访谈记录、访谈结果的整理（董奇，2004）。

（一）访谈前的准备工作

在开始正式的访谈之前，访谈者需要做一些基本的准备工作。这些工作虽然细小、琐碎，却会对访谈的顺利进行产生很大影响，故需认真对待。常规的准备工作主要包括以下内容。

1.协商、安排访谈事宜

要与访谈对象事先沟通，确定访谈时间、地点，其原则是以访谈对象的便利为主，每次访谈一般0.5～2个小时。在与访谈对象协商时，要做好自我介绍、课题介绍，说明交谈规则、保密原则、录音或记录要求等事项。

2.充分熟悉访谈内容

访谈前，要充分熟悉访谈提纲和问题的内容，通常要事先演练数遍，做到熟练掌握。进行结构访谈时，访谈者必须仔细阅读、理解统一设计的访谈问卷；进行非结构访谈时，访谈者应当牢记访谈的粗略提纲及基本访谈的问题。这样会帮助访谈者掌握访谈的主动权，使其将主要精力用于倾听、观察、思考、追问和记录访谈对象的回答，有利于节约访谈者在实施访谈时的认知资源，从而能从容不迫地控制访谈进程。

3.了解访谈对象

在进行实际访谈之前，访谈对象基本确定，应在可能的条件下，充分认识、了解访谈对象的性别、年龄、文化背景、个性特征、受教育水平等。只有对访谈对象的特点做到心中有数，访谈才能有针对性。这样也有利于与访谈对象建立良好的人际关系，对取得访谈对象的配合是很有好处的。

4.做好物质准备

除了熟悉访谈场所以及交通方式外，还要带齐进行访谈所需的有关材料。有关访谈研究的简要文字说明、单位介绍信息、身份证、工作证或学生证等在进行访谈研究时都可能是需要的。此外，也要准备好访谈工具袋，工具袋的内容包括：笔、笔记本、录音机或录音笔、访谈对象名单（最好有其基本资料）、当地地图、访谈记录表（应多准备几份备用）等。

（二）访谈过程

访谈的开始阶段是建立良好访谈关系的关键时期。特别是在一开始，访谈者应向访谈对象发出访谈邀请，紧接着就是进行自我介绍，并简要说明访谈研究的目的、意义、内容、完成访谈所需的时间及选择该访谈对象的原因，以激发访谈对象接受访谈的动机，提高其兴趣。

在开始访谈时，要注意访谈对象是否明白访谈中自己的角色，避免误解。此外，还要和访谈对象一起对一些访谈相关事宜磋商并达成共识，包括如何交流、自愿原则、保密原则和录音许可等问题。访谈者应该向访谈对象作出明确的保密承诺，保证对访谈对象提供的信息保守秘密。访谈员还应该与访谈对象探讨是否可以对访谈进行录音。一般来说，如果条件允许而访谈对象又没有异议的话，最好对谈话内容进行录音。如果对方拒绝进行录音，那是对方的权利，访谈者应该尊重访对象的选择权，以维护良好的访谈关系。

（三）访谈记录

在记录访谈对象的回答时，访谈者一般可以采用笔记和录音两种记录方式。在封闭式访谈中，由于记录比较简洁，一般可以采用笔录的方式。但在开放式访谈中，访谈者的最宜记录原则是尽力记下所有的事情。要做到这一点，访谈者一般需要采取录音加现场笔录的方式。访谈对象对访谈者当场记录是否有顾虑，与交谈的内容和访谈对象的个性特点有关。对于有顾虑的访谈对象，应该认真做好思想工作，讲明研究结果的保密性。如果有个别人还是不能消除顾虑，则交谈时可不记录，待交谈结束后再记录。

（四）访谈结果的整理

结构性访谈的结果便于整理，也易于进行量化分析。非结构性访谈的结果，相对而言，比较难于整理。因为其内容为描述性的，且内容可能分散，量化分析比较困难。大部分情况下，为深入分析研究结果，需要对访谈内容进行编码，因此首先要用编码系统来量化访谈结果。可以看出，编码实际上就是将千差万别的访谈资料进行类别化处理。在资料被类别化之后，研究者可以根据自己的研究问题，选取不同的资料分析思路，建构对于研究问题的理论解释。

第七章
实验法

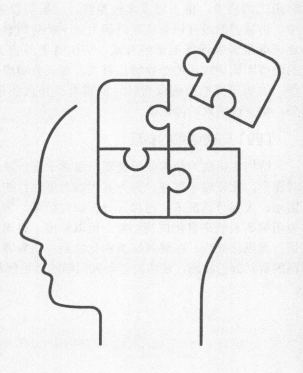

心理学的诞生是以实验室的建立和实验法的应用为标志的，由此可见实验法在心理科学研究中的重要地位。心理学家使用观察法对行为进行细致的描述，使用调查法对人们的态度和主张进行描述，当他们发现调查和观察结果存在共变（相关）时，心理学家就能作出关于行为和心理过程的预测。对科学研究来说描述和预测是至关重要的。但是这还不足以理解引起行为的原因。心理学家还寻求解释——行为"为什么"发生。实验方法可明确区分出事物产生的原因与结果。实验研究是心理学研究中最重要的一种研究方法，科学研究的目的在于揭示所要研究的对象的本质和规律，找出解决问题的方法。心理学的研究与其他科学研究有共同的特点，研究基于一套理论框架，通过设计实验进行研究，以检验所假设理论的正确性。本章将重点讨论实验法的相关知识，包括实验研究的逻辑框架、实验研究的类型、实验设计的相关术语；在此基础上进一步介绍真实验设计和准实验设计的模式。

第一节　实验法概述

科学研究的根本目的在于揭示科学规律，而自变量和因变量之间的确定的因果关系是科学规律的基础。实验法的最终目的是建立变量之间的因果关系，这种目的一般通过系统操纵或改变自变量，同时严格控制各种额外变量，在此基础上观察因变量的变化来实现。本节重点介绍实验法的概念与逻辑框架、实验研究的类型和实验设计的相关术语。

一、实验法的概念

实验法是通过对实验条件的操纵和控制来考察自变量和因变量之间因果关系的一种方法。例如"班杜拉、麦克唐纳德的模仿学习的实验研究"，该假设是榜样行为可以迅速提高儿童的道德判断水平。研究者首先用道德判断故事测量儿童现有的道德判断发展水平，根据测验结果将其分成水平相当的3个组。随后对这3组儿童进行了不同的实验处理。在第一组，儿童作出道德判断比初测稍有进展，则给予表扬与鼓励；在第二组，先提供一个高于儿童道德水平的成人做榜样进行道德故事评价，然后儿童再进行道德评价，并对儿童的评价进行表扬、鼓励。在第三组，与第二组的步骤类似，只是不对儿童进行表扬鼓励。结果发现，初测水平相当的3个组的儿童对后来的12个成对故事的评价，第二组、第三组的成绩远远超过第一组，而且第二组成绩又稍高于第三组。结论：第二组、三组儿童的道德评价水平的提高是由于成人的榜样起到了积极作用，而表扬的作用在此并不十分显著。在该实验研究中研究者通过初测形成等组的方式排除了儿童已有道德判断水平的差异性对研究结果的影响，确保研究结果（儿童道德判断水平的变化）是不同操纵因子（3个组分别进行的实验处理）造成的，既很好地突出了实验因子的作用，又论证了实验因子与结果的因果关系。实验法是一种较严格的、客观的研究方法，在心理学中占有重要的位置。

二、实验法的逻辑框架

1. 操纵自变量

自变量即在实验中由实验者操纵并对被试的反应产生影响的变量，它由实验者选择和控制，决定着被试行为或心理的变化。自变量是最主要的实验条件，通过改变或创设实验条件，有系统地对被试施加影响，可以观测、比较不同实验条件下因变量的系统变化或差异。在实验中，如果自变量水平的变化导致了行为变化，可以认为它是有效自变量。如果自变量操纵行为失败，需要检验实验假设是否正确、实验操纵是否有效以及因变量是否敏感等问题。很多因素能够影响人的心理与行为，其中可操作的因素可以选作实验中的自变量。

心理学实验中的自变量大致包括以下3类。

（1）刺激特点自变量

刺激特点自变量是指实验中所呈现的会引起被试不同反应的刺激。不同特性的刺激会引起被试不同的反应，尤其是与被试任务相关的刺激。例如，呈现给被试一系列阅读材料要求被试作出特定的反应，如果控制阅读材料字体大小影响被试的阅读速度，那么控制阅读材料字体大小就是刺激特点自变量。

（2）环境特点自变量

被试执行实验任务的环境特性即环境特点自变量。改变实验环境的特性，如实验室的照明程度、环境中是否存在噪声等，可能会影响被试的反应。例如，研究照明条件对作业速度的影响，控制照明条件的不同水平即环境特点自变量。

（3）被试特点自变量

被试自身的特性可能会影响实验结果，如被试的性别、年龄、健康状况、文化程度、人格特征等，这些变量为实验者所操纵即称为被试特点自变量。被试本身固有的特征自变量是实验者只能选择而不能改变的，只能进行测量，如性别、年龄等。有些被试特征变量可以被实验者操纵，如内驱力强度可以用禁食时间加以操纵，这类自变量由实验操纵的外部刺激引起，并能影响被试的行为。这种自变量又称为暂时造成的被试差别自变量。

自变量多为二分变量，代表某个刺激的有无或不同强度、不同性质，当然自变量也可以包含更多的水平，或者是连续变量。例如，为证明观看暴力电视节目与攻击行为之间的因果关系，研究者可以让一组儿童观看暴力电视节目，另一组不观看暴力电视节目而是一般的电视节目，这样就可以对比暴力电视节目（自变量）的有无究竟能否引起儿童不同的攻击行为（因变量）。这种对自变量的人为操纵是实验研究最突出的特征，在观察、调查、访谈等其他研究方法中是没有的。

2. 控制无关变量

要确保自变量对因变量关系的纯净，必须控制实验中的无关变量或干扰变量。无关变量，也称干扰变量，指在实验中除自变量之外所有可能对被试行为发生影响的变量。实验过程中，可能有各种导致实验结果变异的来源，比如，来自被试方面，如年龄、性别、文化、身体状况，以及他们的情绪、动机、兴趣、态度、习惯等；来自环境中的额外刺激，如实验场所的噪声、照明、温度等；实验过程带来的干扰因素（如练习效应、疲劳效应），只有控制住这些因素的作用，才能让自变量和因变量之间的关系更有说服力。例如，研究文章长度对儿童阅读理解的影响，该研究中自变量是文章的长度，因变量采用阅读理解分数为测量指标；该研究中的控制变量包括文章类型、文章的主题、句子的平均难度、生字的密度等，也包括实验进行的环境特点，如噪声水平、照明强度等，还包括被试自身的特点，如性别、年龄、知识水平等。在研究中，无关变量不能得到有效控制就会造成自变量的混淆，无法分辨阅读理解水平（因变量）的改变是由于自变量引起，还是由于其他的因素所导致。因此，无关变量的有效控制依赖于合理的实验设计和变量选择。另外，要正确控制无关变量，不仅要认清其来源，还要认清其造成的误差的性质。根据无关变量产生的误差效应是否恒定，可以将其分为随机误差和系统误差。对于每一类无关变量的控制应该采用合适的策略，有时还要综合使用多种控制方法，不仅要对影响实验条件的无关变量加以控制，还应在被试取样和分配中、实验实施过程中以及统计处理中采取一定的控制手段。所有这些控制的目的只有一个，就是尽可能减少无关因素的干扰，减小实验误差，提高实验效度。

3. 观测因变量的变化

实验研究要在自变量得到了有效操纵而且无关的、干扰性的变量被有效控制的情况下，观察和测量因变量的变化。只有观察到因变量系统、稳定的变化，才能推定是自变量使然。因变量是被试的反应变量，是由于自变量的变化而产生的现象或结果，是实验者需要观察或测量的变量。在心理学实验中，实验者操纵自变量而引起的被试的某种特定反应就是因变量，因变量的重要特征是可以进行观察和测量。例如，要对观看暴力电视的儿童和没有观看的儿童的攻击行为进行观测，可把他们带入与电视场景类似的情景中，然后观察他们是否表现出攻击行为以及攻击行为的强度和性质等。在心理学实验研究中，因变量的种类较多，对因变量的测量有多种指标，可以从客观和主观两方面进行分类。其中，因变量的客观指标主要有反应的速度、准确率、反应潜伏期、测验分数、难度等；因变量的主观指标主要是指被试在实验时对自己的心理活动进程所做的叙述性的记录，或者是在实验结束之后被试对实验者的提问进行回答。在心理学实验中，口头报告有助于实验者对被试的内部心理活动进行探析。

三、实验法的类型

（一）实验室实验与现场实验

根据实验场所和条件控制程度，实验法可分为实验室实验和现场实验。

实验室实验是通过在实验室内进行严格的条件控制以确定变量之间的因果关系。实验者可以创设情境、操纵自变量，可以有效控制无关变量。例如，反应时测验，可以在实验室内借助反应时的仪器来进行，控制外部的噪声等外部环境对个体反应时的影响。实验室研究由于实验背景和实验变量容易控制，因而能比较确切、清晰地显示自变量与结果变量的关系、自变量对结果变量的影响。实验室实验有较高的内部效度，然而，实验室条件毕竟难以完全模拟真实情境，这可能导致在实验室条件下所得到的结果缺乏概括力，降低研究的外部效度。此外，在实验室这种特定的环境中难以消除被试的反应倾向和实验者对被试的影响，也会降低实验的内部效度。另外，在实验室里做的研究不一定是实验研究。衡量一项研究是否是实验研究，要看它是否符合实验的逻辑框架，如是否操纵自变量以观察自变量的改变对因变量的影响。实验研究也可以在室外进行，实验室也不是科学实验的必备条件。

现场实验就不需要实验室。现场实验，也称为自然实验，它是指在被试日常生活的自然情况下，增加或改变某些条件来考察其心理变化的方法。如在教学过程中，研究两种不同教材对三年级学生语文成绩的影响。我们可以在正常的教学活动中，选取三年级的两个语文成绩相当的自然班，由同一个教师采用不同的教材分别进行一定时间的语文教学，最后测查两个班的语文成绩进行分析比较，得出研究结果。该研究中控制了自然班学生的语文成绩相同、同一位教师讲授，而对学生的性别、智力等其他可能影响学生语文成绩的因素并没有进行严格控制，实验比较接近真实的教育教学情境。但是，在现场条件下，常常不能运用随机化程序。企业、学校和医院等部门都有正常的工作和学习秩序，不可能随便改变。因此，现场研究中经常选择现成的车间、班组和班级作为样本，研究的代表性就会受到影响。

【延伸阅读】

分担社会责任实验研究 ❶

许多公司都涉及这样的问题：作为社会中的一员，公司有责任履行自己的"企业社会责任"，然而，履行企业社会责任也意味着可能会付出很高的代价。比如，使用可循环的资源来制造产品，虽然履行了社会责任，但可能增加了生产成本；相反，通过耗费自然资源来生产可能降低了制造成本，但没有履行保护环境的社会责任。如果企业选择前者，也就是有社会责任感的生产方式，能够赢得顾

---

❶ Gneezy A，Gneezy U，Nelson L D，et al. Shared Social Responsibility：A Field Experiment in Pay-What-You-Want Pricing and Charitable Giving [J]. Science，2010，329（5989）：325-327.

客对其产品的认可，就可能增加其盈利，进而维持其生产方式。然而，怎么样才能做到让顾客意识到并认同只要购买了这种有社会责任感的企业的产品，就等于他们支持了社会公共事业呢？

美国的几位研究者提出可以通过"分担社会责任"的策略，来实现顾客和企业共同担负社会责任的良性循环。研究者认为不应该由公司为产品确定一个固定价格后明码标价地销售给顾客，而应该让顾客以"自愿付钱"的方式购买产品。研究假定当这种"自愿付钱"的定价方式与顾客的社会责任感相联系时，相比于以固定价格销售给顾客更有助于增加顾客的购买行为。

研究进行了一项现场实验来检验这一假设，研究者采用2×2的实验设计。实验在一个游乐园进行，有113047名游客参加，这些游客乘坐过山车时实验员为其拍摄了照片作为纪念，然后让他们选择是否愿意购买冲印出的照片。在实验过程中研究者操纵了两个因素：一个因素是定价方式，分为固定价格和自愿付钱两种水平。在销售照片的过程中，有的游客看到的是传统的固定价格（明码标价为12.95美元），另外的游客可以根据自己的意愿"自愿付钱"，支付多少都行（包括0元）。另一因素是捐赠与否，分为告知捐赠和不告知捐赠两种水平。大约一半游客被告知销售照片的收入半数将被捐赠给慈善机构，对其他游客没有提供这个信息。

研究结果表明，在固定价格的情况下，没有被告知慈善捐助信息的游客的购买率为0.50%，有慈善捐助时购买率为0.59%，二者没有显著差异；然而，在自愿付钱的情况下，没有捐助信息时购买率为4.49%，有慈善捐助信息时购买率大幅增加为8.39%，增幅非常显著。而且，在自愿付钱的情况下，当有捐助信息时顾客为每张照片平均付钱5.33美元，远高于没有捐助时的0.92美元。总体上看，有慈善捐助的条件下，无论采用哪种定价方式总是盈利的（虽然半数盈利捐赠出去了），而且"自由付钱"的定价方式下所有来坐过山车的游客为照片实际平均支付0.198美元，远高于固定价格条件下的0.071美元。该游乐园每年有500万游客，仅在销售乘坐过山车的照片上就会增加大约60万美元的收益。

总之，当顾客能够按自己的意愿付钱时，同样的慈善因素让企业获得了更多的收益。这种条件下，因为"企业的社会责任"转换成"分担的社会责任"，所以顾客付出了更多的钱。具体说，这种"定制化的贡献"（根据自己的意愿做贡献）允许顾客通过购买商品来直接表达他们对社会福利事业的关心，直接表现自己的身份认同（自己是一个关心公益事业的人），在这一过程中企业也实现了盈利。

（二）前实验、准实验、真实验

根据实验控制程度，能否随机选择和分配被试，可将实验法分为前实验、准实验和真实验三类。

前实验是指缺乏对无关变量的控制，没有随机选取和分配的控制组，实验的内外效度较差的实验，它不能像真实验设计那样，主动地、严格地研究一个或多个自变量与一个或多个因变量之间的因果关系。准实验介于前实验和真实验之间，是指被试不能进行随机选择或分配，不能严格控制产生误差的来源和因素影响的实验。在心理学研究中，由于课题性质和客观条件限制，要求严格控制变量的真实验设计有时难以实施。这种情况下，利用准实验设计尽量把实验控制实施到基本合理的限度之内是非常有必要的。真实验设计在随机化原则基础上选择和分配被试，能够充分控制各种内在和外在无关因素的影响以获取比较准确的实验结果。

（三）单因素实验、多因素实验

根据自变量的数量，可以将实验法分为单因素实验和多因素实验。

单因素实验是只有一个自变量作为实验条件受到操纵，以考察其对因变量的影响。单因素实验是心理学中最常见的实验设计类型。如"一项心理干预对攻击行为的影响"，选取一个组作为实验组进行实验处理，另一个组则为对照组，不进行实验处理，通过比较两个组的攻击行为测量成绩，就可以验证心理干预的成效。然而，因变量有可能受到多个自变量的影响，一果多因是很常见的现象，这就需要进行多因素的实验设计。多因素实验是指研究者至少操纵两个或两个以上的自变量，考察自变量产生的效果以及自变量间的相互作用。

（四）被试间设计和被试内设计

根据分配被试接受实验处理的方法，可以将实验法分为被试间设计和被试内设计。

被试间设计是把不同的被试分配到不同的实验条件或水平，每个被试只接受一种自变量的一个水平或者多个自变量的不同水平组合中的一种实验处理。被试间设计的优点是不存在实验处理之间的相互"污染"问题，然而其风险是，被试间的个体差异可能混入实验条件的影响中而难以区分。被试内设计是把相同的被试分配到不同的条件或水平，即每个被试或每组被试接受所有实验处理或实验条件。

被试内设计，不存在被试个体差异干扰实验效果的问题，但是，很有可能产生实验处理的污染，两种或多种条件可能相互影响，降低研究效度。一般来说，可以通过随机化或平衡法，克服与抵消潜在的干扰效应。一项研究究竟采用被试间设计还是被试内设计，这要综合考虑各方面因素。当然，还可以将两种设计方法结合起来，进行多因素的"混合设计"，即在某个自变量上采用被试内设计，而在另一个自变量上采用被试间设计。

四、实验法的优缺点

（一）实验法的优点

1.能确定事物的因果关系

实验法最重要的优点在于可以确定变量间的因果关系。观察法和调查法虽然也可以得出事物之间存在关联的结论，但是不能很好地对"谁是因，谁是果"作出准确的判断。实验研究的目的就是确认事物之间的因果关系。实验法常利用实验组与控制组的对比来观察变量的共变关系，用前测与后测来了解实验前后的情况，以决定变量发生变化的时间顺序；用各种控制手段排除无关因素的干扰，以确保自变量的"纯净"影响，所以实验法是确定因果关系的有效方法，在心理学以及各种自然科学中得到广泛应用。

2.有意识地控制条件

对实验条件的控制是实验法的主要特点，也是实验研究区别于自然观察法、调查法的根本特点。实验研究的研究者不是被动地等待研究现象的自然出现，而是主动地控制某些条件或创设一定的条件来获取有关研究资料。例如，在研究教师言语指导的暗示作用与幼儿合作行为之间的关系时。如用自然观察法，须等待教师和幼儿该类行为的自然出现，这需花费大量的时间进行搜索，有些现象还可能错过。采用实验法可把这些特定的因素分离出来进行观察，可创设情景，促使有关现象在一定条件下产生，这样既节省时间，又可集中观察到大量有关现象。总之，研究者的目的性与主动性在实验研究中可以得到最大限度的发挥，不仅容易取得可靠度较高的研究成果，而且还可以了解在其他条件下无法研究的各种情况。

3.严密的程序组织

实验法要求运用比较的方法，便于重复验证，提高结论的科学性。实验可以重复验证，是因为实验从提出假设到实验设计再到实施等环节都有明确的必须遵守的程序规则，因此不同的研究者只要仿照已有研究，选取相同或相似的研究对象，研究结论如能在类似研究中得到相似的结果便可说明其可靠性较强，外部效度较高。实验研究的结果比较容易重复验证，这有利于心理学作为一门科学存在。

（二）实验法的缺点

1.忽视研究的生态效度

实验研究的特点是对自变量的操纵和对无关因素的控制，这种操控都是"人为"的过程，人为的结果可能是与真实情况不符的。特别是实验室实验，在人为环境中对两种变量之间的关系进行考察，从而将实验的环境与真实的情景差距拉大，引来人们对实验研究的质疑：实验研究获得结论能否适用于真实的情景？该研究成果能否进行大范围推广？

2.实验变量无法操纵

为确保验证事物间的因果关系，研究者会进行严格的人为控制，以消除不必要的干扰因素，然而，对于那些不适宜于操纵或根本不能操纵的自变量，实验研究也无能为力。例如，发展心理学家关心个体心理如何随着时间（如年龄）而变化，而时间因素是不能被操纵的，所以就难以进行实验，类似的心理的进化问题也难以做实验。

第二节 实验设计的模式

实验研究是有目的、有计划的研究活动。在实验实施之前，研究者在确定研究课题、形成假设的基础上，对各种研究变量所采用的方法、手段、材料和研究程序等进行周密细致的设计安排，形成实验计划方案。实验设计是实验研究的质量保证。心理学以及相关学科中已经发展并使用了各种各样的实验设计模式。如果按照实验控制程度、能否随机选择和分配被试，可将实验设计分为真实验、准实验和前实验3类。本节重点介绍真实验和准实验的实验设计基本模式。

一、真实验设计

在心理学研究中，采用真实验设计来进行实验研究是检验实验效果的一个重要方法。真实验设计对实验条件的控制程度要求较高，在使用这类实验设计时，实验者可以有效地操纵实验变量，能有效地控制内在无效来源和外在无关因素的影响，能在随机化原则基础上选择和分配被试，从而更能客观地反映实验处理的作用。

（一）单因素完全随机化设计

单因素完全随机化设计是指研究者在实验中只操纵一个自变量，并采用随机化的原则把被试分配到自变量不同水平上的一种实验设计。

1.随机实验组控制组前测后测设计

从总体中随机抽取被试，并随机分配到实验组和控制组，两个组在理论上完全相同。然后分别进行前测，前测的结果分别是 O_1 和 O_2。接着随机选择其中一组作为实验组，进行实验处理，控制组不接受实验处理。最后两组接受相同的后测。实验设计模式如下：

随机实验组：$O_1 \rightarrow X \rightarrow O_3$

随机控制组：$O_2 \rightarrow \text{—} \rightarrow O_4$

若实验结果为（$O_3 - O_1$）大于（或小于）（$O_4 - O_2$），则完全可以证明实验处理有效，确定自变量和因变量之间的因果关系。若前测 O_1 和 O_2 无差异，只要比较 O_3 与 O_4 是否有显著差异（这时最好把 O_1 和 O_2 作为协变量加以控制），就可以做因果结论了。随机实验组控制组前测后测设计可以控制历史、成熟、测验、仪器使用等影响内部效度的因素对实验结果的影响；该实验使用了前测验，它为检查随机分组是否存在偏差提供了充分的依据，但它也带来了不利的一面，即被试由于前测验而获得的经验，可能对后测验产生敏感性，出现测验的反作用效果，导致对实验设计外部效度的影响。

2.随机实验组控制组后测设计

从总体中随机抽取被试，并随机分配到实验组和控制组，两个组在理论上完全相同。随机选择其中一组作为实验组，进行实验处理，控制组不接受实验处理，最后两组接受相同的后测。实验设计模式如下：

随机实验组：$X \rightarrow O_1$

随机控制组：$\longrightarrow O_2$

在这种情况下，两组被试因变量的后测结果 O_1 和 O_2 的差异，归结为所受实验处理（自变量）的差异上。大部分研究者使用 t 检验对两组后测成绩进行比较研究，非参数检验也常使用曼－惠特尼 U 检验或中位数检验法。随机实验组控制组后测设计模式，特别适用于实施前测有困难，如花费过高，或前测有可能与实验处理发生交互作用等情况下。采用随机选取和分配被试的方法，可以控制选择、被试消亡以及选择和成熟的交互作用；安排实验组和控制组，可以控制历史、成熟、仪器的使用等因素对实验的干扰；不进行前测，可以消除练习、熟悉和疲劳效应。

3.所罗门四组设计

所罗门四组设计也称重选实物设计，是由所罗门于1949年提出的一种具有两个实验组和两个控制组的随机设计。随机实验组控制组前后测设计看上去已经很完备了，不过，前测的增加虽然可以控制无关变量，但是可能造成前测和实验处理的交互作用对因变量有影响。如果出现交互作用，就无法确定是否是实验处理的实施影响了因变量。为此，可采用所罗门建议的"增加新组，不予前测"的办法，其基本的设计模式为：

随机实验组1：O_1 X O_3

随机控制组1：O_2 O_4

随机实验组2：X O_5

随机控制组2：O_6

从上面可以看出，同控制组2相比，控制组1多了一个前测，因此增加了测验维度意识起作用的可能性。这样，仅仅比较两个控制组，就可以检验前测本身是否影响后测的成绩。然而，造成两个实验组之间差别的原因并不唯一。同实验组2相比，实验组1多了一个前测，这样，如果 O_3 与 O_5 之间差异显著，那么，这种显著差异既可能是单纯前测本身引起的，也可能是前测与处理交互作用的结果。因此，仅仅比较两个实验组，并不能检验是否是前测与处理交互作用导致了后测分数的变化。当然，如果把两个实验组之间的比较同两个控制组之间的比较相结合，那么，就可以分别估计前测本身以及前测与处理交互作用对后测分数变化的贡献。这也正是所罗门四组设计设置四个被试组的原因。

所罗门四组设计的数据分析根据不同的情况，可以采用不同的数据分析方法。如果对于前测的影响，或者前测和实验处理的交互作用允许忽略不计，则可以使用单因素方差分析对四个组的后测评（O_3、O_4、O_5和O_6）进行比较和检验。如果不能够确信是否可以忽略前测效应，则可以把前测成绩作为协变量，采用协方差分析（ANCOVA）来比较O_3和O_4，采用F或t检验来比较O_5和O_6。如果单因素的协方差分析和t检验均达到了统计显著性水平，则可以得出实验处理的效应。否则，应当考虑前测以及前测与实验处理的交互作用的影响。

所罗门四组设计是内在效度较高的一种理想设计，不仅可以将前测效应分离出来，也可以进行多重比较，但是由于该设计增加了实验的难度，耗费的时间、精力、财力较大，而且四组同质的被试也很难获得。

（二）多因素完全随机化设计

因变量往往受到多个自变量的影响，一果多因是很常见的现象，这就要求进行多因素的实验设计。多因素实验指在同一个实验里同时操纵2个或2个以上自变量，并把被试完全随机地分配到各个处理的组合中，以观察自变量以及自变量之间交互作用效果的实验设计。很多实验中，除了一个被操纵的自变量之外，还有些因素或自变量无法操纵，但也需要考察这些不能操纵的自变量的效应，这种情况也属于多因素实验设计。所以，多因素实验就是包括了两个或更多自变量的实验。根据实验自变量的数量，有两因素设计、三因素设计，依此类推。

在多因素实验中，根据自变量的个数和每个自变量水平的个数，可以计算出实验处理的个数。这种只有两个自变量，每个自变量有两种水平的设计，叫2×2因素设计。其中阿拉伯数字的个数为自变量的数目，数字值代表每个自变量的水平。那么2×3因素设计，表示有2个自变量，自变量的水平依次是2水平、3水平。$2 \times 3 \times 4$的因素设计，表示有3个自变量，自变量的水平依次是2水平、3水平和4水平。例如，在一个2（该自变量有2个水平）$\times$3（该自变量有3个水平）的实验设计中，有6种实验处理。在完全随机多因素实验设计中，需要将随机抽取的被试随机分成与实验处理个数一致的若干同质的被试组，然后随机分配每个被试组接受一种实验处理。这种设计，由于每个被试或被试组只接受一种实验处理，也称被试间的多因素实验设计。这种设计，因为实验处理个数较多，故需要较大的被试量，增加了被试取样的难度。

以2（变量a，包括a_1和a_2 2个水平）$\times$2（变量b，包括b_1和b_2 2个水平）的完全随机多因素实验设计为例，其基本模式如下：

被试组1：$X_{a1b1} \rightarrow O_1$

被试组2：$X_{a1b2} \rightarrow O_2$

被试组3：$X_{a2b1} \rightarrow O_3$

被试组4：$X_{a2b2} \rightarrow O_4$

这种设计的特点是，研究中包含两个因素，这两个因素均为被试间变量。另外，不同的被试组采用随机分派程序确定。例如，在一个研究中，研究者除了关心药物 a 是否能够改善大鼠的学习和记忆之外，还想知道，大鼠从出生开始饲养空间的大小 b 是否也影响大鼠的学习和记忆，以及二者之间是否存在交互作用。那么，该研究者可以使用一个两因素完全随机实验设计。其中，一个因素是从出生开始饲养空间的大小 b，分大 b_1（意味着大鼠可以在更大的范围活动）和小 b_2（意味着大鼠只能在较小的范围活动）两个水平；另一个因素是大鼠是否接受药物 a，分是 a_1 和否 a_2（接受安慰剂）两个水平。两个因素均为被试间变量，且均为刺激或任务变量。因此，这是一个 2×2 被试间设计。研究者需要四组大鼠，即药物 - 大空间（a_1b_1）、安慰剂 - 大空间（a_2b_1）、安慰剂 - 小空间（a_2b_2）和药物 - 小空间（a_1b_2）。如果四组大鼠是采用随机分派程序确定的，例如，将 48 只大鼠随机分派到上述四个不同的组中，那么，这就是一个 2×2 完全随机设计。对于使用两因素完全随机实验设计所获得的参数数据，为了考察两个因素各自的主效应以及二者之间的交互作用，研究者应该使用两因素被试间方差分析。

对于多因素实验，还可按照实验中自变量的个数，区分成二因素实验、三因素实验之类。这些都很好理解，此处不再赘述。

（三）随机化区组设计

随机化区组设计是将被试按某种标准分为不同的组（区组），每个区组的被试接受全部实验处理。随机化区组设计的目的在于使区组内的被试差异尽量缩小，而对区组之间的差异依据设计要求而定。每种处理出现在每个区组中，这时区组之间的差异并不影响在各处理平均数间的差异。

田间条件下常会遇到供试地块的某些环境因素呈现趋势性变化，如供试地块是坡地，或地力有方向性增高或递减的趋势等，为减少这类环境变异带来的误差，常设置小区形状为长方形，并使其长边与地力变化的方向保持一致，而在设置区组时则使区组内小区的排列方向与地力或坡度变化方向保持垂直，并沿着地力或坡度方向设置各个区组，目的是使同区组内小区间的地力变异最小，而使各区组间的地力变异最大。例如，新疆、广州、北京的每一块地就类似于是一个区组，区组当中各方面的属性都相当，即所谓的"匹配"。为了研究 5 种作物的不同生长情况，在一块同质的土地上分成 5 块。这一整块土地相当于是一个区组，在区组当中，让自变量的每一个水平都发生了，这就是所谓的随机化区组设计。

随机化区组设计的原理是把实验单位划分为若干区组，区组是根据实验的要求来划分的，对于那些可能影响因变量，但又不是研究者所关注的变量都可以作为区组变量来考虑，以控制其对因变量的影响。基本假定区组变量与实验变量无交互作用。随机化区组设计的原则是同一区组内的被试尽量"同质"。每一区组内被试的人数分配有 3 种情况：①一名被试作为一个区组。这时，每名被试（区组）均接受全部处理，在接受处理的顺序上要采用随机化的方法。②每个区组内被试的人数是实验处理数目的整倍数。③区组内的基本单元不是一名被试或几名被试，而是以一个团体为单元。

1. 单因素随机化区组设计

单因素随机化区组设计适用于研究中有一个自变量，自变量有两个或多个水平（$P \geqslant 2$），研究中还有一个无关变量，也有两个或多个水平（$n \geqslant 2$），并且自变量的水平与无关变量的水平之间没有交互作用。当无关变量是被试变量时，一般首先将被试在这个无关变量上进行匹配，然后将他们随机分配给不同的实验处理。这样，区组内的被试在此无关变量上更加同质，他们接受不同的处理水平时，可看作不受无关变量的影响，主要受处理的影响而区组之间的变异反映了无关变量的影响，我们可以利用方差分析技术区分出这一部分变异，以减少误差变异，获得对处理效应的更精确的估价。实验设计模式如下：

区组	实验处理				区组平均
	X_1	X_2	X_3	X_4	
1	O_{11}	O_{12}	O_{13}	O_{14}	O_1
2	O_{21}	O_{22}	O_{23}	O_{24}	O_2
3	O_{31}	O_{32}	O_{33}	O_{34}	O_3
4	O_{41}	O_{42}	O_{43}	O_{44}	O_4
...	...	...	...	...	...
m	O_{m1}	O_{m2}	O_{m3}	O_{m4}	O_m

由图中可以看出，实验中有一个自变量，自变量有4个水平。实验中还有1个无关变量，将被试在无关变量上进行匹配，分为m个区组，每个区组内4个同质被试，随机分配每个被试接受一个处理水平。例如，文章的生字密度对阅读理解影响的研究。由于考虑到学生的智力可能对阅读理解测验分数产生影响，但它又不是该实验中感兴趣的因素，研究者决定把学生的智力作为一个无关变量，通过实验设计将它的效应分离出去，以更好地探讨生字密度对阅读理解的影响。选用了单因素随机区组实验设计。这时，实验的自变量、因变量都是不变的，只是增加了一个无关变量。在实验实施前，研究者首先给32个学生做了智力测验，并按智力测验分数将学生分为8个区组，然后随机分配每个区组内的4个同质被试分别阅读一种生字密度的文章。

2. 多因素随机化区组设计

多因素随机化区组设计适用于研究中有两个自变量（a和b），每个自变量有两个或多个水平（$a \geqslant 2$，$b \geqslant 2$），实验中含有$a \times b$个处理的结合。另外，还有一个需要控制的无关变量c，且该无关变量与自变量无交互作用。同单因素随机化区组实验设计一样，若无关变量是被试变量时，一般首先将被试在这个无关变量上进行匹配，然后将他们随机分配给不同的实验处理。实验设计模式如下：

区组	实验处理			
	X_{a1b1}	X_{a1b2}	X_{a2b1}	X_{a2b2}
1	O_{11}	O_{12}	O_{13}	O_{14}
2	O_{21}	O_{22}	O_{23}	O_{24}
3	O_{31}	O_{32}	O_{33}	O_{34}
4	O_{41}	O_{42}	O_{43}	O_{44}
…	…	…	…	…
m	O_{m1}	O_{m2}	O_{m3}	O_{m4}

例如，文章的生字密度、主题熟悉性对阅读理解影响的研究。自变量为文章主题熟悉性A（a_1、a_2水平）和生字密度B（b_1、b_2水平）。由于考虑到学生的听读理解能力对阅读理解测验分数产生影响，但它又不是该实验中感兴趣的因素，研究者决定把学生的听读理解能力作为一个无关变量，假设文章熟悉度与生字密度以及学生听读理解能力之间没有交互作用。研究者首先随机选取24名学生做听读理解能力测试作为前测，并根据前测结果将被试分为4个区组，再随机分配每个区组的6名学生，每个学生接受一种实验处理的结合。根据实验结果，通过多因素方差分析得出文章主题熟悉度A和生词密度B的主效应是否显著，以及AB的交互作用是否显著。可以进一步分析出学生听读理解能力的区组效应是否显著。多因素随机化区组设计可以在估计两因素的主效应及交互效应的同时，分离出一个无关变量的影响，以减少误差变异，获得对处理效应的更精确的估计。

3.随机化区组设计的优、缺点

随机化区组设计的优点是研究者可以从总变异中分离出一个无关变量的效应，从而减小了实验误差，可获得对处理效应更加精确的估价，它比完全随机实验设计更加有效。另外，随机化区组设计有较好的灵活性，区组的数量也不受限制，适用于含任何处理水平数的实验。

随机化区组设计的缺点是，可能实验中含有许多实验处理水平，形成同质区组、寻找同质被试比较困难。另外，使用随机化区组设计相较于使用完全随机设计有更多的限定，例如，使用随机化区组设计的前提假设是，实验中的自变量与无关变量之间没有交互作用。如果交互作用是存在的，使用随机化区组设计是不合适的。这在一定程度上限制了随机化区组设计的应用。

二、准实验设计

准实验设计的概念，是心理学家坎贝尔与库克在讨论研究效度问题时首先提出来的。并非所有的问题都可以采用严格的实验控制进行研究，心理学的许多研究会由于现实问题或道德问题而无法将被试随机分配在实验处理条件下，有时也会由于多种原因无法对环境进行严格的控制，如课程教学的研究，这类研究无法在实验室中进行，必须到实际的真实环境中进行操作。在遇到这类情况时无法对实验进行精密的控制，这类实验设计模式即准实验设计。准实验设计不需要运用随机化程序，也没有采用非常人为的严格的控制方法，因而适合于更广泛的研究目的。准实验设计作为一种有效的研究手段，并不局限于在现场背景中进行，也可以在某些模拟实验室里实施。总之，准实验设计具有与真实验设计同样的研究思路，但是缺乏严格的实验控制。准实验设计适应了心理学理论与研究发展的实际需要，因而在近20年来得到了日益广泛的应用，正在成为心理学研究中最有应用价值的实验设计。

（一）非随机实验组、控制组前后测设计

这种设计包括了控制组和前后测，基本符合了典型实验的结构及其逻辑框架。然而，实验组和控制组的被试选择并非随机选取和分配的，不能严格控制被试自身的无关因素，故只能视为准实验。此类设计通常用在现存班级、企业小组等无法保证随机取样和分组的情况。实验设计模式如下：

非随机实验组：$O_1 \rightarrow X \rightarrow O_3$

非随机控制组：$O_2 \rightarrow - \rightarrow O_4$

例如，研究利用多媒体计算机辅助数学教学后学生的学习效果。考虑教学的正常运行，在某个年级中选择两个现成的整班参加实验。由于实验组和控制组不是随机样本，就可能出现不等质的情况，前测可以证明二者是否等质。如果前测结果等质，两组被试完全一致，则基本上接近了真实验设计，可以将后测差异直接归为实验处理的影响。如果前测结果不等质，在比较两组被试后测是否有差异时，将两组被试前测的差值作为协变量，进行协方差分析，以控制前测差异的影响；或者直接比较两组被试前后测的变化量是否有显著差异。通过上述统计分析，基本上可以比较有把握地得出因果结论。

如果实验组和控制组在某个关键特征上明显不同，如教学实验中两组被试学习成绩不同，二者分别来自快班和慢班，那么，这种情况下，也称为"不相等实验组控制组前后测设计"。这种实验设计的问题是可能无法确定实验处理是否起作用。例如，研究利用多媒体计算机辅助数学教学后学生的学习效果。假设实验组是快班，前测是80分（百分制），后测为95分，中间使用了多媒体计算机辅助数学教学；控制组是慢班，前测为70分，后测为75分，未使用新的教学模式。实验组接受实验处理提高了15分，控制组未接受实验处理也提高5分，但提高幅度显著小于

实验组。那么，能完全确定多媒体计算机辅助数学教学就是好吗？未必能，因为很可能是被试的基础水平在起作用，或者是基础水平与教学模式交互作用的结果，实验组是快班因为基础水平较高，接受新教学模式有效果；说不定在慢班试用新教学模式，学生根本跟不上老师的要求，不仅不会改善教学效果，反而有损学生的发展。不相等实验组控制组前后测设计部分弥补了非随机取样与分组的缺陷，减小了实验结果无法解释的可能性，但依然存在局限，故只能视为准实验设计。虽然统计方法可以部分克服两组被试不等质的问题，但依然不能代替样本随机化程序的作用。

不相等实验组控制组前后测设计的特点是实验有控制组和事前、事后比较，大大加强了研究的内部效度。可以控制历史、成熟和测验等影响效度的因素。在所选取样本时要特别注意，应尽可能从同一总体抽选，或者选用相似样本。如果被试存在显著差异，需要采用匹配程序，对被试进行必要的匹配和分组。但是，匹配程序有可能造成统计回归效应，并且容易在各因素之间引入微妙的交互作用，影响研究的效度。

（二）时间序列设计

时间序列设计是指对一组非随机取样的被试进行实验处理，在实施实验处理前后的一段时间里对研究对象作出多次重复观察或测定，并通过对整个时间序列的测定结果的比较，确定实验处理的效果。时间序列设计中的观测次数一般在实验处理前后至少各有三五次，或者更多，具体观测次数要依据测试对象本身在因变量上的变化速度，测试次数只要能涵盖变化过程，反映变化模式就可以了。实验设计模式如下：

$$O_1 \quad O_2 \quad O_3 \quad O_4 \quad O_5 \quad \rightarrow \quad X \quad \rightarrow \quad O_6 \quad O_7 \quad O_8 \quad O_9 \quad O_{10}$$

例如，某种奖励措施是否能提高学生的自我效能感，选择某个班级的20名学生进行实验，实验过程为期10周。前5周中每周进行一次自我效能感的测定，然后对被试施以奖励措施（实验处理），接下来的5周中同样每周测定一次学生的自我效能感。这样就可以比较前5周与后5周自我效能感的变化，确定奖励措施的效果。时间序列设计其结果一般采用t检验进行考察。首先对前测结果建立回归方程，将用回归方程预测的后测结果与真实的后测结果进行相关样本的t检验，考察二者差异是否显著，以确定实验处理是否有效。除了简单易行的t检验以外，还可以采用"自回归整合移动平均模型"（ARLMA）及有关的技术进行时间序列分析，并制作出模型。这种方法可以较准确地决定实验处理的实验效果。由于ARLMA方法比较复杂，需要较多的数学知识，在这里就不作详细介绍。

时间序列设计的主要优点是由于采用了一系列前测和后测，对于成熟、历史和练习效应均有了一定程度的控制，比较适于小样本研究，因而具有一定的价值。采用这种设计时，应特别注意周期性因素的影响（季节、态度、情绪等方面的变化）。同时，应尽可能使被试保持稳定，防止被试更换或淘汰的情况发生。

（三）多重时间序列设计

如果在时间序列设计中引入控制组，对控制组被试不施加实验处理，则可以变成实验组控制组时间序列设计。多重时间序列设计就是对两组被试每隔一定的时间都进行一系列的前测，然后对实验组施加实验处理，控制组不施加，实验处理结束后再按照已定的时间间隔对两组被试分别进行若干次后测。实验设计模式如下：

$$O_1 \quad O_2 \quad O_3 \quad O_4 \quad O_5 \quad \rightarrow \quad X \quad \rightarrow \quad O_6 \quad O_7 \quad O_8 \quad O_9 \quad O_{10}$$

$$O_{11} \quad O_{12} \quad O_{13} \quad O_{14} \quad O_{15} \quad \quad O_{16} \quad O_{17} \quad O_{18} \quad O_{19} \quad O_{20}$$

由于实验设计中不是随机选取控制组被试，实验组和控制组为非等组被试，因此多重时间序列设计也称为不同质实验组控制组时间序列设计。多重时间序列设计比时间序列设计的效度高，能够反映出两方面的信息：一是实验结果是否由实验处理导致；二是可以表明实验结果是实验处理施加之后才出现的，不是其他因素影响的结果。这种设计在一定程度上能够排除个体和环境中的混淆因素。

（四）交叉滞后组相关设计

心理学家在20世纪40年代末就注意到，当我们对相同的两个变量进行重复测量时，实际上提供了有关这两个变量之间因果关系的某种信息。坎贝尔（1963）把16重（16-fold）交边交换与经济学中常用的滞后相关联系起来，研究连续变量的特征和相互关系，建立了交叉滞后组相关法。交叉滞后组相关设计正是在这一基础上发展起来的，其基本原理是，通过交叉滞后相关系数的比较，找出交叉滞后相关差异的方向，然后根据差异的方向，确定变量之间的关系。交叉滞后组相关设计需要满足以下3条基本假设（王重鸣，1990.）：

① 交叉滞后组相关所表示的因果关系不随时间的推移而变化；

② 同步相关与稳定性相关都尽可能一致；

③ 交叉滞后组相关中包含了主要的变量，并已作出相应的测量。

交叉滞后组相关设计，要求在时间点1和时间点2分别对A、B两个变量加以测定，然后计算得到的四组数据的关系，如图7-1所示。分别在两个时间点上计算同步相关rA_1B_1和rA_2B_2，而rA_1A_2和rB_1B_2是稳定性相关（即重测信度）；更令人感兴趣的是交叉滞后相关系数rA_1B_2和rB_1A_2，当两个交叉滞后相关系数具有显著差异时，具有因果关系的意义。在同步相关稳定的情况下，如果rA_1B_2大于rB_1A_2，则推定A引起B，反之，B导致A。交叉滞后组相关设计中需要考虑A、B测量本身的信度，还应考虑A、B之间关系随时间发生的时间损耗。另外，变量本身的变化率也是重要的因素之一，两者变化率不同时，容易发生错误推论。

交叉滞后组相关设计在心理学许多领域得到应用。例如，埃伦（L. D. Eron，1972）曾经进行过长达10年的追踪研究，以考察三年级儿童对于暴力电视的偏爱与他们的攻击性行为的关系及其长期影响。10年后重新测定，得到交叉滞后相关系数。结果表明，儿童早期生活中观看的暴力电视，很可能加强成年初期的攻击性行为。

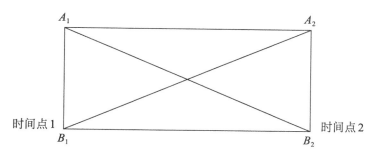

图 7-1　交叉滞后组相关设计

由于在实际研究中，上述假设不容易得到基本的满足，因此，对于交叉滞后组相关设计结果的解释应持谨慎的态度。尽管如此，这种准实验设计在某些方面优于普通的相关设计，并具有一定程度动态的性质，而且较好地处理了心理学研究中几乎都存在的误差和独特变异问题，因而具有较好的内部效度。需要指出的是，交叉滞后组相关设计虽然比简单相关更充分地说明了因果关系，却仍然不能完全证明因果关系，因此，还需要其他研究的补充和验证。

实验设计是完成整个实验的重要一环，在实验设计中应同时考虑到实验结果的分析问题，这样才能真正发挥实验设计的效益。正如许多心理学家指出的，高超的实验设计必须与实验结果的分析能力密切联系在一起。

第八章
个案法

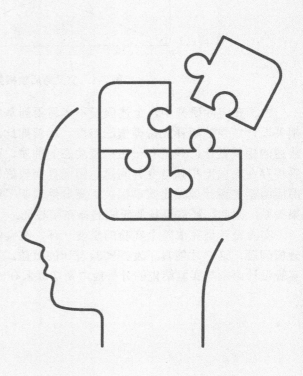

　　个案法是一种比较古老的方法，最早运用于医学，是由医疗实践中的问诊方法发展而来的，是医生对病人作详细的临床检查，判明病理和病因，提出治疗方案的一种方法。自科学心理学诞生的19世纪起，个案法就已经被研究者们所使用了。费希纳在其1860年的著作《心理物理学原理》中就对该方法进行了介绍。之后无数的心理物理学家都用一个或两个个案的实验中获得的数据来进行研究。艾宾浩斯是使用个案法的另一个主要人物。在他于1885年发表的关于记忆的研究论文中，艾宾浩斯本人既是被试又是主试。他的实验数据为心理学家们提供了关于遗忘随时间变化的第一个系统性证据。个案研究法常能够使研究者提出一些颇具价值的行为假说，此研究方法是对一些控制更为严格的行为研究方法的重要补充。在心理学研究中，个案法经常和其他的研究方法配合使用，以收集更加丰富的个人资料，掌握研究对象的全部信息，进而得到更加准确的研究结论。本章将详细介绍个案法的基本知识，包括个案法的含义、类别、特性，以及个案研究的步骤与评价。

第一节　个案法的概述

　　个案法适合研究"怎么样"和"为什么"这样的问题，一般研究的是正在发生的事情。哲学家莱布尼茨曾说过，"世界上没有两片完全相同的树叶。"世界上也没有两个完全相同的个案，因此个案研究有其独有的复杂性，需要深入了解个案法的含义、类别以及特点。

一、个案法的含义

　　个案是一个封闭式系统，是研究的分析单位。如一名儿童、一个班级、一所学校、一个地区等，那么这个儿童、班级、学校、地区就是"个案"。换言之，个案所指并不仅限于一个人，这个对象既可以是一个人、一个小组、一个团体，也可以是一个特殊的心理问题。个案法是相对于组群设计而言，不进行取样研究，而是将具有特殊意义的个体或一个群体组织作为主要的研究对象，在较长时间内（如几个月、几年乃至更长时间）连续进行调查、了解、收集全面的资料，进行深入追踪，研究其心理发展变化的全过程，发现或建构理论假设的一种研究方法。因此，个案研究能够提供关于该个体的大量信息。然而，个案研究很少系统地控制实验变量。相反，不同的实验处理常被同时运用到一个被试身上，而且心理学家对无关变量可能也极少控制（如可影响被试症状的家庭和工作环境等）。因此，个案研究的一个基本特征就是它们缺乏高度的控制。缺少了控制，研究者就很难对那些影响被试行为的变量（包括任何处理手段）作出有效的推论。控制程度是区分个案研究法与单被试实验设计的一个明显特征，单被试实验设计的控制程度更高。个案法常常会用来描述某一特别疗法的疗效与应用。比如，一份关于某一个案研究的临床报告可能会包括对某一症状的描述、诊断和治疗以及证明该疗法有效的证据。

【延伸阅读】

患者能成为他们自己的治疗师吗？一项个案研究实例 ❶

本文报告了自我管理训练（Self-Management training，SMT）的使用过程。该疗法的最大优点就是疗程简短，同时又可避免有太多任务不能完成的情况。该方法的关键在于教会患者如何成为自己的治疗师。患者学会如何从不同维度评估其存在的问题，并运用已有的治疗技术建立有针对性的策略来解决自己的问题。在这一过程中，传统的患者与治疗师之间的关系模式就有了很大的改变。患者同时具有患者和治疗师的双重身份，而治疗师则是以督导的身份出现了。

苏姗的个案

28岁的已婚女士苏姗说她饱受记忆缺陷、智商不高和缺乏自信的折磨，她认为这些缺陷"导致"她无法参加很多社会活动。我用韦氏成人智力量表对她进行了测量，发现她的言语智商大约有120，这绝不是一个低于正常的分数，她的数字广度记忆分数（量表分5=12，原始分5=13）表明至少她的短时记忆不会是有缺陷的。这些测验的结果证实了我在与她面谈时的推测：她的智力与记忆都没有任何问题。在和她讨论了这个结论以后，我建议她和我一起思考当她感觉自己的智商、记忆力以及自信心都非常高之后，她可以完成哪些目标。通过这种方法，我们就能制定出一个行为目标列表，包括"陈述自己的主张""要求对方再次解释，以及承认自己忽略了某些事实"等。在整个治疗过程中，我引导苏姗出声或不出声地复述那些令她焦虑的情境，同时安排她完成一些结构化的家庭作业，使她逐步接近她的行为目标，并且让她记录下自己的进步。此外，我与她还讨论了她的那些无事实根据的消极自我评价（如"自己很愚蠢"等）。我建议她一旦发觉自己产生这种消极的想法，要马上有意识地对自己说一些更合适、更积极的自我评价（如"我一点也不蠢，认为自己愚蠢是没有道理的"等）。

在第五个疗程中，苏姗报告说她已经成功地完成了那些家庭作业。她不仅觉得很容易完成，而且报告说在完成作业的过程中，即使是第一次尝试，她也没有任何的焦虑感。从这一刻开始，治疗关系就已经完全改变了。在其后的疗程中，苏姗自己评价她每周的进步，决定她下一步应该做什么，而且自己设计应该完成的家庭作业。我的角色就随之变成一个学生治疗师的督导了，一方面巩固她已取得的成绩，另一方面时时提醒她不要忽略一些因素。

第九个疗程之后，直接的治疗就停止了。在接下来的一个月里，我通过电话

---

❶ Kirsch, I. (1978).Teaching clients to be their own therapists: A case study illustration. Pyschotherapy: Theory, Re-search, and Practice, 15: 302-305.

联系过苏姗两次。她报告说她对自己的能力充满信心，相信自己一定能达到预定目标。她特别提到自己有了一种能够掌握自己生活的全新感觉。我的感觉是，她已经成功地采用了一种问题解决式的行为评价法，并且已经可以相当熟练地设计策略来达到自己的目标。

在结束治疗的五个月后，我联系苏姗并询问她进步的情况。她报告说她在社交场合中比以前说得更多了，而且对自己独立处理事情（如不依赖于她的丈夫等）也更有信心了。总的说来，她再也不觉得自己很愚蠢了。她总结道："我感觉自己正处在一个比以往更高的境界上。"

我也问她，在治疗过程中使用过的哪些技巧到现在仍然被她使用。她报告说，在治疗结束后的五个月中至少在三个不同的场合下，她告诉另一个人，"我不明白你刚才所说的，你能否再解释一下？"这样的提问是她以前无法作出的。在治疗前，她认为这样做会让自己显得很蠢。

在追踪访谈结束三个月后，我意外地收到了一封来自苏姗的信（那时我已基本上不关心此事了）。信中她告诉我，她曾使用过一个假想练习室，走进一个民族舞培训班而且还感觉良好。"太好了，它终于起作用了。"她在信中这样写道。

二、个案法的历史发展和起源

在我国古代就已经有了个案法的雏形，通过观察研究典型人物，典型社会单位的现象，来研究客观社会。例如，司马迁写《史记》时用"世家""列传"的方法，通过写一个人的出身、经历、性格特点、发展过程，来反映当时的社会面貌。这些都表明，个案研究早就在自觉或不自觉地被加以运用，只不过没有被科学地给予总结归纳。

个案法作为一种专业术语，最初起源于医学诊治病案和侦破学中的刑事案例，个案研究在医学领域有着悠久的历史，最早起源于19世纪，并逐渐被推广和应用于心理学中。它的源头可以追溯到19世纪中期，法国社会学领域，法国社会学家内普雷对工人阶级的家庭状况进行研究，他发展出了今天我们所熟知的个案研究方法，后来人类学家马林诺夫斯基在特罗布恩德群岛进行的田野研究是民族志个案研究的一个实例，19世纪末20世纪初。芝加哥学派社会学者将个案研究作为重点工具，进一步将个案研究应用于对工业化和都市移民相关问题的探讨，主张研究者应该进入研究问题的现场领域，应用个案研究对问题进行客观和全面的理解，随后，个案法广泛应用到历史学、心理学、管理学等领域当中。由医师转行成为心理学家的西格蒙德·弗洛伊德是应用精神分析理论进行个案研究的先驱。他对著名的患者安娜·欧症状的细致观察产生了自由联想技术这种治疗方法。个案研究由非正式或前导性研究到现今成为众人所肯定的正式研究方法，由以往问题的解决到今日着重个案问题，从只描述、解释与分析研究对象为有早期适应不良问题行为的儿童到现今的正常儿童，从关注个案总体的普遍性研究走向关注特殊性的质性研究。

三、个案研究的目的

（一）描述

在个案研究中，研究者的主要目的是全面、如实、清楚地描绘并概念化某个现象及对情景和环境进行一系列描述，对某事物或现象进行清晰刻画和描述，提供一系列用来再创情境和内容的陈述，让读者感受到情境中内在的意义，让人们能够从这些生动的描述中认识到该情境所具有的意义，获得对特定人物或事物的生动的图解，可以深入了解个体发展特点及现象产生的原因，有助于应对性地采取措施。

（二）解释

个案研究更多是以研究主题和研究对象为特征，通过以时间顺序对个案的相关事件进行细致、形象的描述，既能突出与个案相关的特殊事件，又能全方位地对问题进行"深描"。个案研究者的目的是解释某些特定的现象，了解某一现象与其他现象之间的联系，在现象中寻找模式。如果不做个案研究，我们就很难了解事件或现象发生的真正原因。

（三）评价

通过对某些特定现象进行个案研究，可以对计划个体环境作出评价，包括过程性评价和终结性评价，也包括社会组织和人的表现相关的需求评价。同时可以验证某种心理治疗策略或治疗方法是否可行有效，为解决某类问题提供借鉴与参考。

（四）推广

可以将个案研究结果推广到更大的同类群体中，也可以在个案之间进行比较后加以应用。个案研究所获得的理论命题可以通过阅读者的情感与思想共鸣产生启示，也可以通过研究者对其他个案的比较研究获得推广。个案研究的结论还可以对既有理论命题进行丰富或者证伪，在与已有理论的对话中实现个案研究的理论推广。

四、个案法的特点

（一）研究对象的个别性与典型性

个案研究不考虑取样，不需要为取样的代表性、取样的方法操心，它不是组群设计的研究，将单个个案作为研究对象，是个案研究区别于其他研究方法的最大特征。个案研究的目的固然是了解、把握某个个体的具体情况，但也要通过一个个案的研究，揭示出一般规律。从对个案研究的界定来看，个案研究的对象通常是个别的人、个别的事件、个别的团体等，即使研究中有多个被研究的个体，通常也把这些对象统一地看作一个单独的群体单位。虽然个案研究对象是个别的，但不是完全孤立的，而是与其他个体相联系的，因为整体是由个体组成的，每个个体都有其个别性，或在某方面有显著的行为表现，或某些测量评价指标与众不同，或主要关系人都有类似的印象和评价。因而，对这些个别对象的研究必然在一定程度上反映其他个体和整体的某些特征和规律。

（二）研究内容的深入性和全面性

个案研究要进行相当长的一段时间的连续追踪研究；不能今天在咨询室听了一个故事，就算研究了一个个案，必须连续追踪这个个案相当一段时间。由于个案研究的对象不多，具有相对单一性，只要抓住一两个典型就可以研究，所以研究时就有较为充裕的时间，进行透彻深入、全面系统的分析与研究。个案研究既可以研究个案的现在，也可以研究个案的过去，还可以追踪个案的未来发展。个案研究可以做静态的分析诊断，也可以做动态的调查或跟踪。

（三）研究方法的多样性和综合性

个案研究涉及很多学科领域，其研究任务是多种多样的，这就要求个案研究在多种学科理论的综合指导下进行。个案研究有自己的研究方法，如追踪法、追因法、临床法和产品分析法等。但是，个案研究又不是完全独立的研究方法，为了搜集到更多的个案资料，从多角度把握研究对象的发展变化，就必须结合观察、调查、实验、测量等多种研究方法，综合各种研究手段。

（四）研究环境的自然性

个案研究与其他研究方法最大的不同，在于研究者能够进入研究对象的生活场域，在不干扰研究对象的自然情境下进行有关研究或行动观察。个案研究都是在没有任何控制的自然状态下进行的，是对实际发生的事情的考察，在收集个案资料时是以人为导向的，研究者对所要研究的个案做比较长时间的实际接触，观察他们的日常行为，听他们的对话，考察他们使用和完成的任务，以获得第一手自然的资料。所以说，个案法所得到的材料比较科学、准确，具有较高的文献价值。

（五）研究过程的客观性

在个案研究过程中，研究者将会运用归纳、比较、对照等方式进行资料分析，最后发展出新理念或新思维，并作为建构理论的基础，进而力图解释、预测或控制客观世界的发展变化。因而，个案研究不属于缺乏理论深度的"收集事实"的经验主义方法论范畴。它的价值在于通过"解剖麻雀"，从中总结或提取普遍性原理，即把个案一般化。

五、个案法的类型

（一）按个案研究的方式划分

按个案研究的方式划分，可分为综合性个案研究和专题性个案研究。

综合性个案研究是指研究者对选定的某个研究对象进行全面、综合、系统的研究，如著名德国生理学家和实验心理学家普莱尔曾以他自己的孩子为个案研究对象，从其出生起直到3岁的这一期间，每天对其身心发展的各个方面进行系统的观察和记录后，在此基础上写成《儿童心理》一书，为科学的儿童心理学的建立奠定了基石。我国著名幼儿教育家陈鹤琴先生也以其长子陈一鸣为研究对象，在其出生后连续做了808天的观察，记录孩子身心发展的方方面面。

专题性个案研究是指对某一领域内的某一方面或某一现象进行多层次多角度的专门研究。主要用来考察某些优秀或特殊案例，探索个案的经验、教训或存在的问题等，对其进行分析探讨，以求对其他类似个案研究带来一定启发的一种研究方法。

（二）按个案研究的目的划分

按个案研究的目的划分，可分为诊断性个案研究、借鉴性个案研究及探索性个案研究。

诊断性个案研究主要是对研究对象的现状作出判断。比如，我们可以用诊断性个案研究的方法来研究某种问题行为。

借鉴性个案研究，也是在实际教学过程中很实用的一种研究方法，主要以幼儿园特级教师骨干教师的经典教学案例为研究对象进行资源共享，让更多的教师进行借鉴性学习，有助于一线教师从个案中寻找规律，探索教育教学的真谛。

探索性个案研究通常适用于一些大型研究的准备阶段。为了使大型研究少走弯路，可以先在小范围内选择个别对象或个别群体进行探索，在此基础上澄清一些困惑，找到有效的解决方法、手段，为后面大型研究的开展提供参考经验。

（三）按个案研究持续的时间划分

按个案研究持续的时间划分，可分为现状研究和追踪研究。

现状研究主要是用来考察个案研究对象的某些心理或行为问题。由于任何现状的出现都经历一个从量变到质变的过程，因此在对个案研究对象的现状进行分析把握时，通常要考虑问题产生的缘由，以更好地理解其当前的状况。

追踪研究是指对个案的研究，不仅停留在对其目前状况的把握上，而是随着时间的推移，关注个体的发展变化，持续不断地对个体的发展过程进行纵向的追踪研究。

（四）按个案研究的特性划分

按个案研究的特性划分，可分为本质性个案研究、工具性个案研究和集体性个案研究。

本质性个案研究旨在了解一个特殊个案的本身前景，并不涉及其他的关系，也不需要了解其他个案或推论的问题，重点关注所要研究的个案的本质和特殊意义，通过解剖个案挖掘其特殊意义，能发展出具有一定深度的理论假设。

工具性个案研究的研究目的主要是工具性地获得对某种问题的知识与理解。虽然也是研究特殊的个案，但其目的不在于了解此一个特殊的特案，而是试着借由了解一个特殊个案来了解其他特殊的个案。

集体性个案研究通过集合观察多个个案来研究同一种现象。选取多个个案进行比较，通过研究多个个案对群体情况进行深入的考察。

（五）按个案研究的对象类别划分

按个案研究的对象类别划分，可分为个体类个案研究、团体类个案研究和问题类个案研究。

个体类个案研究的对象是单一的个人或团体事件。

团体类个案研究及研究对象是具有同一特征的群体，可以是一类人，也可以是一类团体或一类事件，个案研究都将其视为一个独立的研究单位。

问题类个案研究及研究对象是某一教育教学现象和问题。

（六）按个案研究最后呈现的报告划分

按个案研究最后呈现的报告划分，可分为描述性个案研究、解释性个案研究和探索性个案研究。

描述性个案研究，其主要用于描述性的素材。研究目的是对研究现象的脉络进行详尽的、完整的叙述性说明或描述，它与处理"谁""何处"的问题有关。

解释性个案研究，又被称为分析性的研究，主要用于检验理论、归纳资料去分析解释和发展理论。研究目的主要是针对研究资料进行因果关系的确认与解释，它与处理"如何""为何"的问题有关。

探索性个案研究的研究目的主要是作为其他研究或研究问题的向导，着重于对问题的界定，或是决定研究步骤的可行性，它与处理"是什么"的问题有关。

六、个案法的评价

（一）个案法的优势

1.个案法能充分获得个案信息

个案研究只关注个体或一件事（如一个人或一个学校区域），能进行详细审视，能收集许多详细的数据。个案研究描绘某一特定情境"是怎么样的"，对当事人就关于某一情境的生活经验、观点和感受进行近景特写和"深描"。个案研究常常运用各种资料，在真实生活背景中研究某一个案或现象，关注面窄，极其详尽，且结合了主观资料和客观资料。个案研究相比其他方法能获得更丰富的、正在出现的信息。例如，弗洛伊德早期所做工作证明，他无法使用问卷调查病人的梦，也无法通过审视细节之外的其他方法分析心理功能的水平。通过个案法获得的数据为他对人们心理功能的洞察和最早被接受的人类发展的阶段性理论作出了贡献。这使得个案研究既有概括性，又生动丰富，有助于推动教育研究成果的广泛应用，从而促进心理学的发展。

2. 为心理学理论提供初步的支持

个案研究的结果可以为某一心理学理论提供初步的支持，个案法所提供的典型材料为心理学理论观点提供具有说服力的具体佐证。心理学的各项研究常常要借助个案研究材料来丰富一般研究的基本结论。例如，阿特金森和希夫瑞（Atkinson & Shiffrin，1968）提出了一个对记忆研究领域影响深远的人类记忆模型。这个基于信息加工原理的模型包括一个短时记忆系统和一个长时记忆系统。尽管大量实验结果都为这个二分的人类记忆系统模型提供了支持证据，但是阿特金森和希夫瑞还是认为几个个案研究的结果"可能是人类记忆系统具有二分性最令人信服的证据"。这些个案研究涉及一些因治疗癫痫而被手术切除了包括皮下海马在内的部分颞叶脑区的患者。对阿特金森和希夫瑞的理论有特别重要意义的个案研究来自对一个叫H.M.的患者的研究：H.M.在进行脑部手术后，被发觉患有记忆障碍；他无法回忆每一天发生的事情；他可以一遍又一遍地阅读同一本杂志，但事后还是不记得其中的内容。H.M.似乎有一个完好的短时记忆系统，但是无法将信息输入长时记忆系统。尽管随后对H.M.以及与他有类似记忆缺损的患者所进行的测验揭示出记忆问题的本质远比原先想象的要复杂得多，但是只要人们还在讨论有关人类记忆的理论，H.M.的个案研究就依然是十分重要的。

3. 为其他研究方法提供补充

心理学寻求建立更具普遍意义的理论，即能够适用于更广泛有机体的"普遍规律"。因此，心理学研究往往以常规研究为其主要特征，要求大量的被试参加，并且寻找一个群体的"平均"或典型的反应，从这个平均反应中预测出有机体在一般情况下可能作出的反应。但是，仅有常规研究是不够的，个体是既独特又富有规律性的，个体在很多方面都远不是平均值可以代表的。奥尔波特认为，对个体的研究即个人特质研究法也同样是心理学研究的一个重要组成部分。奥尔波特通过描述临床心理学家所面临的任务，说明了心理学研究对个人特质研究法的需要。临床心理学家的目的"并不是对总体进行预测，而是预知'某个人将做什么'"。奥尔波特认为，在研究中要平衡常规研究和个人特质研究。由个案研究代表的个人特质研究法至少可以从细致的观察中揭示出行为间的细微差别，而这些则是"群体法"常规研究可能会忽视的地方。

4. 个案研究有经济便利的优势

个案研究的经费投入相对较少，寻找个案和收集个案的资料相对较便利，这是个案研究比较明显的优势，其他研究则要投入大量的人员经费，而且抽取样本也是实验研究比较复杂、令人头疼的工作。个案研究没有这些复杂的工作，

5.个案研究可以证明或发现"规则例外"

个案研究可被用来证明一种"规则例外"，它只要提供一个否定证据、一个反例，就可以证明行为的所谓普遍"法则"并不总是成立的。个案研究常被用于为某种理论提供反证或批评，这种批评往往都是建设性的，它能通过引入新变量，使理论进一步延伸和发展。

（二）个案研究的缺陷

1.个案研究的研究结果检测困难，缺乏严格的检验

实际上也很难进行检验。个案研究的结论上升到理论水平，主要依靠研究者的直觉和理论水平；很难进行普遍性推广；研究显得主观色彩浓厚，由于每个研究者的经历经验理论水平直觉各不相同，可能会对同样的个案得出不同的结论与理论。

2.个案研究只能描述行为而不探讨行为的内部机制

科学研究的目标之一就是探求现象产生的原因，确定引发某一事件的所有因素。个案研究法的其中一个缺陷就在于从它的结果里几乎不能得到有关因果关系的结论。个案研究可以详细地描述被试的年龄、性别、家庭背景等特征，但无法阐明这些特征如何影响被试的反应；它可以描述一个独特被试对某一实验处理的反应，但它不能解释其原因；个案研究也可以提供对结果的某些解释，但这种解释往往都是不确定的。个案研究常常缺乏严格控制，其处理也很少得到系统控制，在它们进行实际运用时，几乎不控制随机变量。这可能导致难以从个案研究中推断并得出因果结论，

3.个案研究涉及的是独特个体生活中的独特事件

基于此项缺陷的存在，我们没有理由期望在研究限定的条件之外，能够得到同样的结果。不过，如果研究描述的是比较典型的病例和治疗过程，就可以将结果适用人群的范围拓宽一些；相反，如果研究包括异常的实验环境、奇特的历史背景、古怪的行为或较个性化的处理程序，就不宜将研究结果推广到被试以外的人群。

4.个案研究容易产生误差

首先是选择偏差，研究者显然要汇报那些最成功和令人印象深刻的案例，他不可能针对一个根本无效而复杂的新处理制作一份详细报告。其次，个案研究由研究者的观察组成，这些观察受解释、印象和暗示的支配，被试的报告一般要经过研究者的筛选，由他们决定哪些重要哪些不重要。某些个案研究中的实际参与者既是当事人又是观察者，这种身份会导致对个案的夸大或低估，因此也存在偏见的可能性。最后，被试提供的报告也可能带有偏见或虚假成分，报告的内容可能是他们夸大、缩小、撒谎或纯粹想象出来的事。

5.个案研究的外部效度不高

我们可以在什么程度上将单一个体的结果推广到更大的群体上呢？也许来自单一个体的结果完全不能推广。一个个案研究的结论能否被推广取决于这个个案所来自总体的变异情况。当研究那些总体变异很小的心理过程时，我们可以说从一个人身上观察到的结果会适用于所有人。相反，当研究那些总体变异很大的心理过程时，则无法将一个人身上观察到的结果适用于所有人。

第二节　个案法的研究过程

为了确保个案研究工作的可靠性、准确性、有效性，将个案的原始面貌及背后所代表的真正意义显现出来，个案法的实施过程中需要根据研究目的、对象、内容的不同，采用不同的个案研究方法，并遵循严格的步骤搜集有效、完整的资料，对单一的、典型的对象进行深入细致的研究，进而揭示研究对象形成、变化的特点和规律，以及影响个案发展变化的各种因素，并提出相应的措施以促进它的发展。

一、个案研究的常用方法

个案研究可以根据研究目的、对象、内容的不同，采用个案追踪法、个案追因法、临床法、产品分析法等具体的个案研究方法。

1.个案追踪法

个案追踪法就是在一个较长时间内连续跟踪研究对象，对其进行全面系统的研究，收集各种资料，揭示其发展变化的情况和趋势的研究方法。追踪研究短则数月，长则几年或更长的时间。例如，我国著名的教育家和心理学家陈鹤琴对他的长子进行了长达三年的追踪研究，逐日对其身心变化和各种刺激进行周密观察，并以日记和照片方式加以详细记载，最终据此撰写出《儿童心理之研究》。追踪法主要适用于探究发展的连续性，探索发展的稳定性，以及探索早期教育对以后其他教育现象的影响。个案追踪法对研究复杂心理现象的发展变化，以及心理现象之间前后发展的关系等具有重大意义。但是，个案追踪费时且难以实施，需要较多人力和物力的支持。另外，由于持续时间太长，存在研究对象流失等问题。

个案追踪法的实施包括以下几个步骤：

① 确定追踪研究的问题，要明确追踪的对象是什么，目的是什么。

② 实施追踪一定要紧紧围绕课题确立的内容进行，要运用规定的手段收集有关资料，不能遗漏重要的信息，也不能被表面的现象迷惑。追踪研究需要较长时间，研究者一定要持之以恒，不能半途而废。

③ 整理分析研究资料，对收集到的各种个案资料要进行细心的整理、分析，作

出合理判断，揭示个案发展变化特征和规律。

④ 提出改进个案的建议，要根据对个案的追踪结果，进一步提出改进建议，指导和促进个案的发展。

2.个案追因法

追因法是先见结果，然后根据发现的结果去追究其发生的原因。追因法正好是把实验法颠倒过来，是对现实存在的真实状况及问题产生的原因的追踪，在实际研究中，很多探究现状原因的研究都可以用追因法。例如，某学生的学习成绩突然下降，我们去追寻他成绩下降的原因，这就是追因法。

个案追因法的实施包括以下几个步骤：

① 确定结果和研究的问题。这一步至关重要，后面的研究中寻找原因需要基于明确的研究问题。

② 假设导致这一结果的可能的原因。明确了事实发生后的结果，接着就要寻找导致这一结果可能的原因。这些原因最初是假设的，还没有经过验证，这一步骤对于后面工作的进展具有决定意义。

③ 设置比较对象，为了追寻导致结果的原因，研究者可以采取两种方式设置比较对象，一种是设置结果相同的若干比较对象，从中找到共同的因素，另一种是设置结果相反的比较对象，找出相反的因素。

④ 查阅有关资料进行对比。研究者可以从研究对象的有关资料中看看是否具有前面假设的原因：如果没有的话，这个假设就值得怀疑；如果有的话，因果关系的性质就非常重要了。这一步骤非常重要，要做得特别细致，因为心理现象是复杂的，导致某项结果的原因往往是多方面的。

3.临床法

临床法最早是由皮亚杰使用，往往通过谈话的方式进行，故又称为临床谈话法，可以是口头谈话及面对面的交谈，也可以是书面谈话及问卷谈话，它是一种双方互动的过程。临床法常常用于教育研究和心理咨询中。

在教育研究中，临床法的实施包括以下几个步骤：

① 由教师、父母或学生本人提出具体的行为问题或需要帮助的学习问题，然后观察该生的行为。

② 根据该生的学习成绩、教育测量状况、同伴评价、家庭情况以及各种环境表现，明确当前的情况。

③ 根据学校记录和家庭历史等材料，了解其过去的历史，找出行为的一贯性。

④ 根据可能的假设设置处理方案。

⑤ 根据初步处理的结果判别假设是否正确，是否需要修改或者必须完全推翻。

⑥ 为了提高研究的科学性，一般宜用实验法再加以检验。

4.产品分析法

产品分析法又称为活动产品分析，也是个案研究的一种方法，通过分析个体的活动产品，如日记、作文、书写、自传、绘画、工艺作品等，了解个体的能力倾向、技能及熟练程度、情感状况和知识范围。运用这种方法时，不仅要研究人的活动产品，而且还要研究产品制造过程本身以及有关的各种心理活动状况。通常，产品分析法作为研究的一种方法，往往需要与实验法相结合，例如，观察儿童创造产品的实际过程，可以安排控制组，这样可以获得更加科学的结论。

二、个案法的实施步骤

（一）确定研究问题，制定个案研究方案

在个案研究之前，选择和确定研究问题是非常关键的环节。它不仅是个案研究的起点，反映了研究的目的，也会影响到对研究对象和研究方法的选择，影响到研究过程的组织和实施。在确定研究问题后，需进一步制定实施研究的方案。个案研究方案是指实施研究的计划，是进行个案法研究必须具备的前提条件。应预先制定一个个案研究方案，内容涉及研究问题、性质的确定，研究对象的选择，研究的重点和所使用研究方法，研究资料收集时间间隔与步骤等。为了有效开展研究，进行个案研究之前，需要制定个案研究方案。

【延伸阅读】

个案选择的代表性问题 ❶

个案研究与其他研究一样，需要先确定研究什么问题，并进一步根据研究问题选择合适的研究对象。对于"如何抽取样本，什么样的样本具有代表性"这一问题，从19世纪末到20世纪30年代，经历了"代表性调查"（强调样本与总体在结构上的相似度）"目的性抽样"（有目的地或有意识地抽取样本单元，力求产生与总体相近的特性）到"概率抽样"（通过某种随机形式，从总体中抽取一个样本，使这个样本被抽中的概率等于所赋予的概率）的转变。这一研究历程的发展与传统的自然科学、实证主义、定量化的研究范式紧密相关。

个案研究作为质性研究，其代表性问题有很多值得探讨的地方。比如，个案研究是否要追求代表性？个案研究的代表性与量化研究的代表性是否一致？是否能以量的标准来规范个案研究？这些问题的答案必须根植于个案研究原初的研究旨趣。个案研究的重点首先在于对某一"个案"进行深度分析，其次才是把对某一个或几个具体、特定的发现推演到其他的点或面上。在一定程度上，个案与总体必然会有某些特征是相似的，但也必然与总体的某些特征有些许的差别。个案

---

❶ 摘自：卫倩平.认同·迷失·重构——个案研究法的再审视[J].现代基础教育研究，2018，29（1）：7.

作为一个样本，其代表性绝不是"有"或"无"的问题，而是一个程度问题。正如费孝通所言："把一个农村看作全国农村的典型，用它来代表所有的中国农村，那是错误的。但是把一个农村看成一切都与众不同、自成一格的独秀……也是不对的……"也就是说，个案研究不必追求"代表性"，但也并不意味着个案研究一定没有"代表性"，更不能说个案研究就不能有"代表性"。

量化研究是建立在数学逻辑基础上的，其"代表性"的表现就是，样本能代表同类事物，能进行统计意义上的概括，研究结果能由样本推论总体，否则，研究的价值就值得怀疑。但是，个案研究与量化研究不同的是，个案研究的目标是进行分析性概括，而不是进行统计概括，因此，从某种意义上来说，个案研究不需要按照量化研究的抽样原则来进行样本选择。

克里夫·西尔指出，个案研究的"理论概括"是根据其逻辑关联或理论意义进行外推，外推的有效性不取决于个案的代表性，而取决于理论推理的力量。也就是说，个案研究不是依靠样本数量和样本的代表性，而是遵循自己的特性和逻辑来解决从微观到宏观的问题。在某种情况下，个案研究的研究对象往往是非典型个案。从统计学的角度来看，非典型个案不具有广泛代表性，但它在理论上的重要意义，决定了它作为个案的合理性和必要性。所以，在样本的选择上，个案研究不追求全方位的代表性，只强调个案能具有与研究的实质性需要相关的特征。

（二）确定研究对象，进行个案现状评定

个案研究对象的确定，不是随意地在调查个体，而是寻找重要信息提供者，因此，需要研究者具有细心的观察力和敏锐的洞察力、较强的问题意识和综合判断能力。研究者要根据研究的问题和研究的目的，确定在某一方面具有典型意义的人或事作为研究对象。例如，研究智力超常儿童的教育问题，选择个案必然是高智商、具有创造力的个体；研究学习困难生教育问题，也一定要选择智力滞后、改变教学方案和教学方法后仍然不能适应的学生。再比如，要了解小学生的攻击行为的特点和形成原因，那么就应该选择那些好争论、好打架、人际关系紧张的学生为研究对象，因为在他们身上才能体现出攻击行为的典型特征，研究他们所得出的结论才能符合研究目的，才有价值。如果选择平时温文尔雅，人际关系较为融洽，偶尔有打架、骂人行为的学生为研究对象，那么所得的结论也没有多少意义。另外，还可以选择有不同于他人行为表现的个体作为研究对象，这些行为形成的原因、特点和发展趋势能够激发起研究者的兴趣并且有必要被认识清楚。为了选取具有能完成研究任务的特性及功能的样本，个案研究往往采用有目的的抽样，如关键个案抽样、极端型个案抽样、代表性个案抽样等。也就是说，所选择的个案必须能够提供丰富且满足需要的有关研究对象的信息。研究对象确定后，随之而来的工作就是要对个案现状进行了解与评定。了解、评定那些有助于研究者认识个案各方面发展的平行、协同的关系，有助于发现个案潜在发展趋势的现状。

（三）收集、整理资料，诊断与因果分析

收集个案资料是进行个案研究的前提。为了对研究对象进行全面深入的研究，找出问题的原因所在，必须尽可能地运用观察、问卷、调查、访谈、测量等各种方式收集与研究对象和研究问题有关的资料。研究个案的发展，主要是从个案历史资料的相互比较中找出个案在某些方面发展强化的脉络。一般收集个案的资料可包括：个人简历、家庭情况、主要问题、入学前教养情况、智力发展情况、社会适应能力、个性发展等方面。此外，还应注意收集资料的深度和广度，并仔细核实个案材料，保证获得资料的真实可靠。为适应研究的需要，可编制专门的调查登记表，以便进行定期调查。同时，要做好个案资料的记录与整理。这既是资料搜集的结果，又是资料分析的起点和基础。研究者在进入现场搜集资料的过程中，忙于观察和访谈，不太可能在现场就能完成所有记录，即使有录像机、录音机的辅助也一样会有遗漏，因此在离开研究现场的时候要尽快整理访谈稿和做详尽的记录，这样才有真实的情境意义。个案资料的记录和整理一定要简便、清晰，可提前准备好制式表格，如访谈记录表、观察记录表等。

【延伸阅读】

个案记录的方法

个案记录类似病历记录，必须以客观、准确、清晰的方式加以描述，必须建立在充分收集相关资料的基础之上。个案记录的方法具体可分为直接描述法、图表描述法、结构描述法和半结构描述法。

1.直接描述法

描述性记录可以比较详细地介绍个案资料，直观、生动、具体，易于理解。但记录的篇幅比较长，整理报告的时间较多，而且无法突出问题的重心，较为繁复。此处举例如下。

A生在大学时代表现良好，获得学士学位。但她却严重缺乏自信，这是由于她自认为自己的外表不够吸引人；而且因为缺乏社交活动造成心理的不平衡。毕业后，她在担任了几年的研究助理后，与一男子有亲密关系，也由此带给A生较多的社交活动，然而因为个性上不合，双方相处得不愉快。因此，男友抛弃了A生而另结新欢。那时A生已年近30岁，对被抛弃的反应是沮丧、自责，甚至有自杀的念头。

重返工作之前，A生曾经接受药物治疗和心理治疗。后来她找到的工作性质类似于以前的研究助理。同时A生对当时风行的瑜伽和静坐冥想产生兴趣，于是她通过学瑜伽和静坐，使自己不致陷入低潮中。

可是后来A生住的地方发生火灾，火灾烧毁了她的居处一切财产，于是她不

得不迁至新居。这给原本社交能力就差的她又增加了许多适应上的困难。因此她觉得前途暗淡无光。虽然她继续接受心理治疗，但情况并不乐观。以前她缺乏自信及社交能力的问题再度出现。目前，她虽和家人保持联系，却无法从家人那儿得到足够的慰藉。

2.图表描述法

图表描述法一般用标题索引图示来表示，即将个案资料的主要特征分类以小标题的形式列表，以线条、箭头明确标示各细目之间的顺序和关系。这种方式简洁明了，突出重点，不过却难以详细获知一些有关个案的细节资料；也可以用网络关系图来表示个案，即用线条和箭头将个案问题相关部分串联起来，用以发现问题，了解个案的历史背景，摸清来龙去脉，以利于对个案作出准确的诊断，谋求最佳解决途径。

3.结构描述法

结构描述法在个案研究中运用比较普遍，即按某种框架结构（可以是大纲形式，也可以是摘要表格形式），将个案资料加以分类，然后将有关的资料重新组织，形成一个比较完整的个案记录。这种记录方法便于检索有关个案的资料，可以从记录中发现资料的缺乏或遗漏之处，以便进一步收集更详尽的资料。结构描述法除了按规定的框架内容描述个案情况外，有时也可以将个案资料相关部分归类，制成表格形式。这样对个案的情况可以一目了然，可以简便地查阅到个案的有关资料，形成有效的推论，进而提出个案矫治的策略。样例如下。

个案A资料如下。

（1）早期家庭关系

① 父母：父亲事业忙碌；母亲操持家务，无暇与个案A充分沟通及陪伴个案A。

② 弟弟：个案A有一个与其相差10岁的弟弟，在心理情感上无法产生互动。

教育：个案A高三即将毕业，已获得音乐学院入学通知。

年龄：17岁。

（2）社交关系

① 同伴：同学眼中的优秀学生，又肯主动帮助同学，与同学相处关系融洽，并与好友组织乐队。

② 老师：个案A是老师心目中的好学生，对他的期望非常高，但无法了解他的内心世界。

③ 父母：无法与父母沟通，不能向父母倾诉心中苦闷，而父母又很信任他，很放心地认为他是好孩子，应该没有任何问题。

（3）自我概念

① 对自己期望甚高，凡事力求完美，但对自己的能力却因无法达到自己的自我要求而失望。

② 因为周围的人无人能理解他而异常苦闷。

③ 感受到老师、父母、同学对他的压力而觉得无法承受。

（4）行为偏差

由于压力过大，个案A出现对抗教师和其他同学的一些行为。

（5）未来策略

①老师：对学生的期望应适度，不可过高，不能要求其能力所不及；学生的意见应让其有充分发言的机会与渠道，并要时时鼓励。

② 父母：不要只忙于工作，应时常抽空多与孩子沟通，陪伴孩子，了解孩子的需求。

4.半结构描述法

有时研究者为了了解个案的基本资料，可以采用半结构式的个人评定记录方法来描述个案问题，即根据实际情况逐项填写个案清单中的项目内容，从而获得个案身份、人格等基本资料。举例如下。

（1）身份和外表：姓名、居住地、职业、个案来源、相貌特征等。

（2）生活史：个案史、过去经验、现在发展等。

（3）目前状况：目前个人的处境、如何形成目前的情景等。

（4）未来透视：未来需掌握的是什么？环境的机会及限制？采取行动会导致什么结果？将来会有哪些变化？

（5）习惯与活动：生活习惯如何？如何支配时间和金钱？

（6）经济状况：经济来源和物资供应来源。

在进行资料分析时，研究者需要对收集到的大量资料进行归类，按横向联系或纵向联系做一番梳理汇总，考察研究对象的行为和心理特点，比较各因素之间的关系。在此基础上，通过分析形成一定的观点理论，对研究对象的身心发展规律和形成原因进行解释、说明。收集资料，并加以整理的目的是要研究产生特殊异常行为的原因，理清问题发展的脉络，发现各种因素中有哪几个主要因素对个案有影响。对于以提高教育效果为主要目的的研究者，除认识问题产生的因果关系外，还需花气力确定问题出现的症结所在，对个案进行必要的诊断。诊断与因果分析是进行个案研究的基础。

美国学者伊恩提出了7种个案资料分析模式。

（1）类型比对模式

这一模式先由研究者提出相关理论，再借研究过程验证理论，如果相符甚至又能进一步证明与其相反的理论为假，则更能增强其提出的理论。

（2）解释建构模式

该模式的目标是要借由建立对个案的解释来分析个案研究的资料，其目的不是为了得出结论，而是为了更进一步地研究，进一步发展研究设想。这种模式主要是与解释性的个案研究有关。

（3）时间序列分析模式

该模式可以直接比拟实验或准实验中进行的时间序列分析，或者说是将实验研究与准实验研究中常用的时间序列分析直接类推至个案研究中。所遵循的类型越复杂和精确，时间序列分析越能提供个案研究结论的依据。

（4）程序逻辑模式

程序逻辑模式是类型比对和时间序列分析两种模式的结合，探讨自变量和因变量之间的主要因果关系。这种模式对于解释性、探索性的个案研究，会比描述性的个案研究更为有用。

（5）分析次级单元模式

此模式是指当个案研究设计包含嵌入的分析单元，也就是说，有一个比个案本身还小的分析单元，而且对这个单元也收集了很多资料，就可以从镶嵌在个案中的这些次级单元开始分析。

（6）实施重复观察模式

该模式是指在相同的研究中，重复地观察现场或分析次级单元。

（7）实施个案调查模式

该模式是一种个案间的次级分析，类似个案背景资料分析。由于时间和费用等方面的限制，无法深入每个个案，而且这些个案都是经过选择的，所以这一模式无法做到统计处理。当分析的个案数量相当多时，可以使用这种模式。

（四）问题的矫正与指导

问题的矫正与指导是个案研究的关键，对个案进行调查、分析的目的是把握个体差异，找到问题所在，进而采取有效措施，因此个案研究还需对个体的发展进行指导，即在诊断与分析的基础上，针对不同研究对象存在的问题，设计一套解决方案加以实施。

（五）追踪研究

个案研究对象的问题矫正与指导是一项极为复杂的工作，因此，仅靠一次诊断是不容易准确的。因此，对于所研究的个案对象，特别对那些实施过矫正与个别指导的对象，有必要用一段较长时间进行追踪观察与研究，以检查矫正补偿是否有效。如果有效，个案研究工作就算告一段落；如果问题还没有解决，那就要重新诊断和重新矫正，继续研究下去。

（六）撰写个案研究报告

通过上述各步骤的研究，研究者经过一定的理论与逻辑的再认识，形成了自己的观点，又把感性认识加以探索性地实践，上升到初步理性认识阶段。这时，可以着手撰写个案研究报告。一般个案研究报告主要包括：研究对象的基本情况、研究目的与内容、研究过程、研究结果与分析等几部分。撰写时应注意研究的目的、内容、对象、过程与研究方案中相应内容相同，研究结果应阐述定性资料的分析、概括提炼的规律和解决的问题，并用科学方法进行论证。

（七）确定个案研究结果的应用程度

研究者阅读个案研究报告关注的重点往往是研究结果在多大程度上应用到自己所在的环境中去，也就是关注个案研究的可应用程度。确定研究结果的应用程度的方法之一是看抽样策略。通常认为，如果研究者选择一个具有典型性的个案，那么，其研究结果被认为可以应用到其他类似的个案中去；如果研究者研究的是多个个案，则不同个案之间的研究结果若是一致的，就证明该研究结果可以应用到其他情况和个体身上。

第九章
观察法

观察法是心理研究中使用最早的一种科学方法。在心理学研究中，研究对象是人，而人的心理往往复杂的，有时会在语言上隐瞒一些内心真正的想法，我们可以通过观察研究对象的表情动作推测出人的心理活动，使研究结论更加真实。在儿童心理学研究中，由于研究对象年龄较小，认知能力有限，往往无法通过交流获得准确的信息，观察法则是针对儿童进行研究最适合的方法。早在1787年，德国马尔堡大学的一位希腊语和哲学教授提德曼（D.Tiedemann，1748—1803）就出版了《对儿童心理能力发展的观察》一书，该书是对自己孩子成长的详细观察记录。此后的一百多年里，很多人（包括达尔文）都将观察法用于科学研究。然而，真正确立观察法在心理科学中的地位及其使用原则的人是被称为"儿童心理学之父"的德国人普莱尔。普莱尔在于1882年出版的《儿童心理》一书中，介绍了自己为观察法所设定的基本原则。本章将详细介绍观察法的含义、特点、种类，观察法实施的基本程序，以及观察时需要遵循的规范与观察技巧。

第一节　观察法的概述

观察法在心理学中的使用由来已久，它有鲜明的特点和较为广泛的适用范围。心理学研究中的观察法和日常观察是不同的，有其独特的特点、技巧和限制，尤其对观察者有较高的要求。为保证观察资料的有效性和真实性，在设计观察研究时，要根据研究目的灵活确定观察类型，明确观察内容，科学实施，以收集高质量的研究资料。

一、观察法的含义及其特点

（一）观察与观察法

观察分为两种：一种是广义的观察，也就是日常观察；另一种是科学观察，日常观察是观察者通过亲自感知和体验，获得有关观察对象的感性材料，具有一定的偶然性和自发性，得到的材料往往是杂乱的、片面的，难以反映事物的真相。日常观察往往是偶然发生的，缺少目的性和计划性，也不做严格的记录。

科学观察是研究者（注：本章中也指观察者）按照预定的目的和计划，确定观察的范围、条件和方法，观察处于自然状态下的研究对象的言语、行为的外部表现，收集资料并加以分析，从而获得对事物本质和规律的认识。在科学观察中，观察对象处于自然状态，研究者有目的、有计划地对观察对象进行系统的直接观察和记录，并对收集到的资料加以分析和解释，以获得对所研究问题的认识。例如，研究者通过详细观察和记录学生在学习、游戏、劳动等各种情境下的行为表现，了解学生各种心理特点；通过观察教师上课提问及学生回答情况，分析课堂中师生相互作用的模式。观察法是研究者通过感官或一定仪器设备，在自然条件下有目的、有计划地观察心理和行为表现以收集研究资料的方法。

观察法是科学研究最基本的方法，也是心理研究中使用最早的一种科学方法。观察法是收集人类心理活动及其变化发展规律的科学事实和研究材料的基本途径。由它所得来的大量而丰富的材料，是心理科学研究的基础，是发现提出问题的前提，是一切心理科学知识的起点。在社会心理学、儿童心理学、教育心理学、咨询心理学、临床心理学中，观察法是收集科学事实资料的重要方法之一。在使用其他主要研究方法时，观察法也是不可缺少的，通过其他各种方法收集来的资料需要用观察法加以核实。另外，当研究者没有随机选择和分配被试（注：即观察对象）的条件，也无法主动操纵自变量、明确设定因变量以及有效控制额外变量时，或者当课题不适宜采用实验法或其他研究方法时，观察法可以用于发现变量和变量之间的共存或共变关系，以分析和初步判断人的行为表现和心理活动的发生和发展规律。

（二）观察法的特点

观察法作为心理科学研究中收集人类心理活动和行为表现有关资料的一种基本方法，具有以下特点。

1.自然性

自然观察下的观察是不采取任何特殊措施改变教师的正常活动和生活，在教师、学生课上、课外活动等各个方面的实际活动中进行观察。与其他研究方法相比，观察法几乎不需要研究者和被研究者（注：即观察对象）、研究环境之间发生反应。观察法这种不干预观察对象的性质，使得研究者能够最大限度地获得所需要的资料。但是也不能排除观察法产生误差的可能性，研究者的观察和记录活动受个人主观影响会出现偏差，研究者出现在研究现场，也会对观察对象的行为产生影响。所以在一些需要严格控制的教育观察研究中，一般采用录像、录音等设备来获得资料。

2.目的性

尽管观察是在自然状态下进行的，观察现场会出现多种多样的情况，但是观察不是盲目和变化的，研究者不是观察一切自己能感受到的事物，而是应该将注意力集中在预先设定的目标或者对课题研究有意义的方面，不能随情境的发展变化随意转换。所以，观察过程是在明确目的的指引下进行的，这样研究者才不会手足无措，思路凌乱，收集的资料也不会杂乱无章。目的性是课堂观察的基本特性，也是有效实施课堂观察的基点。教育观察是有目的的感知活动，如果没有明确目的，只能是一般感知，不能称为观察研究，一个明确的观察目的是研究者的行动指向，制约着研究者观察的前前后后。

3.能动性

在观察活动中，研究者必须根据观察需要去选择典型的观察对象，只有做到对观察对象有所甄别，才能获得观察需要的有针对性的观察材料，研究者只有从复杂多变的现象中选择典型对象，获得有代表性的材料，并用科学理论去分析、判断和观察结果，才能解决特定问题。

4.客观性

在自然环境下的观察者，根据预设的目标，按照规定的统一方法，明确、详细、系统地记录观察对象的行为，这样收集的第一手资料不会受到观察者干预，具有客观性。要提高观察的客观性，一要保障在自然条件下进行观察，对观察对象不加任何干预和控制，这样才能获得真实可靠的材料。二要如实反映现实情况，避免主观偏见，防止个人爱好和猜测臆断，如实记录观察到的结果。三要通过培训观察者、增加观察次数等策略来提高观察结果的客观性。

5.多样性

观察法的实施必须借助一定的工具，通常是人的感觉器官，其中最主要的是眼。随着现代科技的发展，观察手段越来越丰富，如望远镜、显微镜、摄像机、照相机、录音机、探测器、单向玻璃、人造卫星等，归根结底，这些观察仪器也是人的感觉器官的延伸。

6.简便性

在观察法的研究过程中，观察对象始终处于自然状态，不需要人为控制或改变研究环境，也不需要观察对象的合作，这样的研究方法相较于其他方法，所受阻力较小，便于实施，但是比较费时费力，对研究者的要求较高。

7.计划性

观察研究之前，研究者应根据需要有意识地制订研究计划，对观察对象有确定的范围、明确的指标，以求全面把握观察对象的各种属性。观察的时间、观察对象范围、记录方法、过程、注意事项、变通方法等，都有事先的安排计划，保证观察有计划地进行，周密的观察计划可以使观察的效率大大提高，增强所获得资料的准确性和可靠性。

二、观察法的适用主题

① 当研究者需要了解事情的连续性、关联性以及背景脉络时，可以使用观察法。观察法与其他的研究方法相比，可以与观察对象有更长时间的接触，可以获得比较可靠的一手资料，能够观察到行为或事件发生的原因与趋势，深入了解整个事件的发展脉络。

② 当观察对象不能够进行语言或文字交流，譬如幼儿或在认知上有障碍的特殊人群。对于其他各研究方法来说，认知能力上的不足，可能会影响相应的研究结果，如问卷法对文字能力的要求、访谈法对语言能力的要求等。

③ 研究者希望发现新观点、建构自己的理论。一个研究课题的提出，并不是凭

空得来的，往往需要借助于自身的实践，才能找到新的研究切入点。

三、观察法的类型

（一）自然观察法和实验观察法

按照研究者是否对观察情景进行控制，观察法可以分为自然观察法和实验观察法。自然观察法是在自然环境下进行的，对观察对象和活动的情景无须进行人为控制和干预，较方便易行，结果较真实，但也存在一定的局限性，即研究者经常处于消极等待的被动地位，只能考察观察对象心理活动的某些外部表现，具有偶然性、片段性和不确定性。实验观察法是在人工环境中的实验室场所里进行的，研究者会对周围的条件、观察环境、观察对象和观察变量作出控制，有利于探讨事物各因素之间的内在关系。

（二）直接观察法和间接观察法

按照观察的手段不同，观察法可以分为直接观察法和间接观察法。直接观察法是研究者凭借自己的眼睛、耳朵等感觉器官收集观察资料的方法。间接观察法是研究者以录音机、摄像机等仪器设备为中介获得观察资料的方法。间接观察法，突破了直接观察法中研究者的感官局限，扩大了观察的深度和广度，可供日后重复观测和反复分析。

【延伸阅读】

间接观察的特殊形式

间接观察包括磨损情况观察、累积物观察和作品观察等一些特殊的形式。

（1）磨损情况观察

人们的心理倾向、兴趣、爱好、个人的想法往往会影响人们对所使用物品的选择，因此，观测物品的磨损程度可以了解人们的心理行为特点。例如，图书的磨损程度可以反映阅读爱好，大学图书馆开架书库里小说尤其是武侠小说、英语读物和模拟题往往是磨损程度最高的，而专业书则相对较完好。在一定程度上可以反映出大学生对专业书籍阅读较少，阅读更多是为了"应试"和"娱乐"。再例如，刑警队的车辆的磨损程度可以反映这个区域的社会治安情况。

（2）累积物观察

考古学家或者古生物学家可以根据对历史沉积或地层沉积的观察，确定文物或化石的特点，恢复过去的面貌。而在社会生活中，同样有很多"沉积物"，提供了以往人们行为的信息和线索。例如，书架上的灰尘可以反映阅读的频率。

（3）作品观察

人的作品中，往往流露出作者的很多"无意识"的特点，可以反映出人们的心理。例如，人的笔迹中的笔触、笔压、速度、线条等特点往往是无意识的，笔迹学据此研究人们的"笔迹与心迹"的关系。同样，绘画作品也是了解人内心状态的一种途径，颜色、线条、构图等内容都可以折射出人的心理状态。

（三）参与观察法和非参与观察法

按照研究者是否直接参与观察对象所从事的活动，观察法可以分为参与观察法和非参与观察法。参与观察法是指研究者参与到观察对象的群体或组织活动中去，从内部观察并记录观察对象的行为表现与活动过程。参与观察法能够获得较深层次的材料，但是易受研究者影响而缺乏客观性。非参与观察法是指研究者以秘密或者公开的方式，作为一个旁观者，不介入观察对象的活动而获得资料的方法。非参与观察法所收集的材料比较客观，但是易流于表面化。

（四）结构观察法、非结构观察法和准结构观察

按照观察方式的结构化程度，观察法可以分为结构观察法和非结构观察法。结构观察法，是依据明确的观察目标、观察问题和范围，按照详细的观察计划和严格的程序实施的观察法。结构观察中获得的材料比较翔实，而且易于进行定量分析和比较研究。此类观察法适用于对观察对象充分了解的情况。非结构观察法是指对观察内容、项目和观察步骤不进行预先设定，以及对于观察记录也无要求的非控制观察法，这种观察方法比较灵活，但是获得的资料不够系统、具体，多用于对观察对象不甚了解的探索性研究。准结构观察介于结构观察与非结构观察之间，既关注课堂观察的规范性，又兼顾课堂观察的灵活度，一般来说，准结构观察会依据事先计划，运用观察工具进行观察。但是工具的结构化程度不高，仅列出观察范围或者观察的大类，或者对记录方法不做硬性规定，研究者可以在观察现场根据需要选用合适的记录方法。

（五）定量观察法和定性观察法

按照收集资料的方式或所搜集资料本身的属性，观察法可以分为定量观察法和定性观察法。定量观察法是指用结构化的方式收集资料，但是一定要以数字化的方式呈现资料的观察结果。定量观察的优点在于运用结构化的工具，通过量化的分析，较为客观地呈现课堂的本来面貌，但是量化的方法往往在追求客观科学的同时远离了具体的情景。定性观察法，主要是以质化的方式收集资料，并且以非数字化的形式，如文字，来呈现观察结果。定性观察常常依赖研究者自己的感官来记录、感悟、体验课堂情境，生成对课堂现象的较为主观的印象与诠释，所以作为一种研究，它的主观性常常为人诟病。但是研究者深入课堂情景，并且在丰富的课堂

情境中生成了对课堂的理解。因此，在某种程度上，它对于课堂现象的认识可能更接近于真实。

（六）开放式观察法和聚焦式观察法

按照观察情境的范围，观察法分为开放式观察法和聚焦式观察法。开放式观察法是研究者对观察对象进行全方位的观察记录，不聚焦到一些具体的问题，尽可能开放地记录真实情况，不做判断。开放式观察法一般适用于课堂观察，或者当我们不太了解观察对象的时候。聚焦式观察法需要研究者确定观察的焦点，有明确的观察目的和具体的问题，只对焦点问题进行观察。

上述观察的各种类型都是相对而言的，各种类型既相互区别又相互补充。关于观察法的分类，有两点需要注意，一是上述各种分类是有交叉的，并不是各自独立的。二是上述的一些观察法的类型，有的实际上也是一种观察的策略。

四、观察法的优缺点

观察法既可以作为一种独立的研究方法，也可以作为其他研究方法的辅助手段。但是，它的作用是任何其他研究方法所无法替代的。在研究的过程中，既要认识到观察法的优点，也要认识到观察法的局限性，这样才能做到扬长避短，从而发挥其作用。

（一）观察法的优点

① 观察法的最大优点就是所观察的行为发生在自然环境中，能够得到观察对象不能直接报告或者不肯报告的资料，尤其是在需要了解行为的自然状态的研究中。

② 观察法可以研究非言语行为，研究者可以在不懂某种语言的情况下观察使用这种语言的人的行为，比如手势、姿势等。

③ 观察法不仅可以实时观察，还可以感受特殊的气氛与情境。这些资料无法靠事后调查法得到。

④ 观察法的实施相对方便，不需要过多的人力、物力，也不需要实验室昂贵的仪器设备以及严苛的环境条件，所以观察法相对于其他研究方法来说比较经济。

⑤ 正因为观察研究在自然条件下进行，所以它与其他研究方法相比显得更为方便，随时随地都可以进行，只要研究者计划周全即可。

（二）观察法的缺点

① 观察法一般限于小样本的研究，在研究对象数量多且分散的情况下，难以应用。

② 大多只能观察到表面现象，不能反映事物的本质，因此，只适用于收集观察对象外部表现行为的材料，而不适用于收集内在素质方面的材料，如态度或信念等。

③ 观察研究提出的理论假设，相较于实验研究或测验研究的结论与假设说服力较差。

④ 研究者会在无意中改变被观察的情景，也就是说，观察者在场打断了日常教学规范。这个问题可以这样解决：观察者在记录观察数据之前，多去几次教室，真正收集观察数据时，师生已经习惯观察者的存在，从而能够表现出日常的行为。

⑤ 观察往往难以精确化，并且人的观察受主观意识的影响，不同的人有不同的意识、背景和理论框架。因此，对同一事物的观察，往往带有各自的主观性，难以做到绝对客观，所得到的观察材料往往是主观和感性的。

尽管观察法有一定的缺陷，但总的来说，观察法的优点要大大超过它的缺点，在运用观察法进行研究时，应注意观察法与其他方法配合使用，扬长补短相辅相成，充分发挥它的积极作用。

【延伸阅读】

观察法面临的道德问题[1]

观察者在对某些社会现象进行观察时，可能会面临一些特殊的道德问题。例如，观察时是否要告知观察对象自己在被观察？观察是否会侵犯他人的隐私？如何平衡这些问题，是运用观察法需要面对的问题。

观察者是否要告知观察对象被观察，是一个难题。如果观察者在实施观察时不对观察对象进行告知，一旦观察对象知道自己成为观察者的观察对象时，就会产生"被利用"的感觉，就有可能因此而拒绝观察者进一步的观察。如果观察者在实施观察时对观察对象进行告知，就会造成观察对象言行的改变，无法保证观察的信度。

观察者在观察时是否会涉及侵犯他人的隐私，也是一个难题。一方面，作为非公众人物，任何公民都有权利保持自己的隐私，观察者不应在观察时侵犯他人的隐私，不应观察他人不愿意暴露的行为；另一方面，为了保证观察的完整、真实，观察者应在法律和社会道德允许的范围内，根据观察的目的和计划，对观察对象进行相应的观察，尽可能了解相关信息。

第二节 观察法实施的一般程序

科学的观察研究与日常生活中随意的观察不同，要保证观察研究达到预定目的，事先必须进行观察设计。一般而言，观察法的设计及实施通常包括以下8个步骤。

---

[1] 颜玖. 观察法在社会科学研究中的应用 [J]. 北京市总工会职工大学学报，2001，16（4）：36-44.

一、确定观察问题

所有的研究都离不开问题的指引，在实施观察之前，研究者应先确定观察问题。观察问题是研究者观察前需要设计的，通过观察活动来回答的问题。所以提出观察问题是完成研究问题的手段和工具。观察问题是研究者在确定了研究问题之后决定选择使用观察法，是根据观察的需要而设计的，需要通过观察法收集资料来回答的问题。

二、制订观察计划

观察计划是观察方式的蓝图，是确保观察有目的、有计划、有步骤进行的指导性文件。

（一）明确观察目的

观察只是研究过程中收集资料的方法，这种方法是服务于研究目的的。要基于研究目的，确定需要通过观察达成的具体目的，并准确地表述观察目的。观察目的是根据课题研究的任务和研究对象的特点确定的，对于观察中要了解什么情况、收集哪方面的材料，要作出明确的规定。观察目的不同，观察的内容、运用的工具也会有所不同，因此在进入课堂观察之前，首先要思考观察的目的，并将其作为观察的起点与归宿。

（二）选择观察对象

仅有观察目的，不便于具体操作，所以在确定观察目的的基础上，还需要选择观察对象。

观察对象是指观察内容中的被观察人、事件过程、现象、环境等。观察对象一般有两种：一种是以活动中出现观察项目行为的人作为观察对象，另一种是以具有某种特定属性的人作为观察对象。

（三）确定观察内容

观察内容除了要能准确地反映、体现或说明观察目的、确定观察对象外，还要能够被操作。即观察者能观察到应该观察到的行为或事件。因此，要明确界定观察内容在具体场景中的实际表现，包括行为表现、事件发生发展的标志等。例如，要研究某班级幼儿的友爱行为，可规定所要观察的具体友爱行为的类型和性质，注意记录这些有关活动的数量、频率、持续时间、涉及人次、结果和影响等信息。

（四）确定观察地点

在什么地方进行观察、观察的地理范围有多大、观察地点有什么特点、观察者与观察对象之间有多大的距离都要提前确定。

（五）选定观察方法和途径

观察者应根据观察目的、观察对象和内容、观察地点的实际情况以及观察者观察条件等来选择最适合的观察方法。观察是在自然状态下进行的，以不影响正常的教学为原则。一般情况下可以利用以下几种途径进行观察：一是课堂观察，通常包括上课和听课；二是参加或组织学校的某些活动，包括各种内容、范围、形式的集体活动；三是参观学习或检查。

（六）规定观察记录的方法及观察工具的准备

对于观察法来说，观察记录是确保观察到的事实材料准确、客观的最关键一环，观察记录是录音或录像所不能代替的。观察记录应该符合准确性、完整性和有序性的要求。观察记录的方法是多种多样的，我们应当根据观察的目的和条件选择使用。但无论采取哪种观察记录方法，都应尽量使观察保持客观性和准确性。观察工具是观察者实施观察、实现观察目的的手段，通常使用录音摄像设备，或者用于记录观察信息的观察表。观察工具的准备一般有两种方式：一是选用他人开发的，也得到广泛应用的，稍微成熟的工具；另一种是根据自己的观察需要设计或制作观察表格。

（七）做好观察人员的组织分配

观察过程也是观察者相互合作的过程，尤其是对于观察对象多、行为复杂多变的观察，需要观察人员同研究者协调配合，研究才能顺利进行，只有做好观察人员的组织分配工作，实现任务到人，才能既保证资源的最优化利用，又保证观察全面进行。为了保证观察的一致，需要对观察人员进行培训，培训内容包括了解观察目的、观察内容、观察工具讨论、观察记录的原则和技巧等。

（八）进行理论准备

查阅相关资料，以获得对观察问题的更多了解。

三、拟定观察提纲

观察提纲是观察对象及内容的具体化，是由观察目的和有关理论假设来确定的，在拟定观察提纲时，最好事先查阅与研究课题有关的文献资料，弄清相关变量的内涵，掌握一定的理论框架，并结合实际进行分析，然后制定观察提纲。观察提纲应遵循可观察原则和相关性原则，针对那些可以观察到的、对回答问题有实质意义的事情进行观察。观察提纲要对观察内容进行明确分类，对所观察的事物确定最主要的方向，同时还要有一定的灵活性和变通性，防止遗漏有效资料。

观察提纲一般应回答以下6个问题：一是谁，即对谁进行观察；二是什么，即点明观察的内容；三是何时，即什么时间进入观察；四是何地，即在何处进行观察；五是如何，即采用什么样的观察工具和方法；六是为什么，即观察的原因。

四、进行预备性观察

为保证观察能较好地开展，研究者一般通过预备性观察的方式来完善观察设计。原因有以下几点：一是挑选和培训观察者。通过讨论的方式使所有观察者对观察内容和方法形成透彻理解，并通过实地观察或观看录像带的方式进行观察练习，在此基础上可进一步完善记录工具，并决定最佳记录方法。二是确保观察信度。如有两个或两个以上观察者，则他们对同一行为或现象的观察也应具有一定的一致性。三是避免或减少一些可能干扰因素造成的误差现象，比如观察者期望效应、观察者放任现象、观察反应现象、观察仪器设备的干扰等。

五、进入观察场景

无论是参与观察还是非参与观察，都有一个得到观察对象群体接纳的问题，如果观察对象群体对研究人员抱着拒绝、敌视的态度，那么观察活动就无法正常进行，对于中小学教育研究来说，许多研究是教师本人独立进行的，他们本来就在现场工作，进入现场的问题可能不存在，或者能较好解决。但如果研究者是教研员或有其他人员参与，就需要在进入观察场景之前解决一些问题。进入现场要注意两点：一是选好观察位置，有较好的角度和光线，以保证观察有效、全面、精确；观察者的位置，应根据观察目的和观察中心来选择，要保证所要观察的对象全部清晰地落在视线之内，要保证不影响被观察者的常态。二是不扰乱观察对象，或与观察对象打成一片，如果是非参与观察，最好不要让观察对象知道，如果是参与式观察，要与观察对象建立和谐良好的关系，以防观察对象产生戒备心理。一般而言，观察者需要提前几分钟进入课堂，并根据观察任务确定观察位置。

六、实施观察与记录

实施观察是观察法的核心，在此阶段应做到以下几点。一是尽量按计划进行，必要时随机应变，观察的目的必须明确，不超出原定范围，如果原定计划不妥当或观察对象有所变更，应随机应变，妥善地完成原定任务，尽可能取得最好的效果。二是善于抓住引起各种现象的原因，这需要观察者在观察过程中保持思想和注意力的高度集中，及时找到引起该现象的原因可以使获得的观察资料具有科研价值。三是密切注意观察范围内的各种活动所引起的反应，例如，教育现象往往是由一系列的活动及其所引起的反应构成的，如教师的活动引起学生的反应、一个儿童的活动引起其他儿童的反应等，把观察的焦点放在对象的活动及其反应的同时，还要抓住观察对象偶然或特殊的反应，这对于研究问题的动向更有启示意义。四是善于辨别重要的和无关紧要的因素，因素是重要还是无关紧要，主要是根据其与研究任务关系的密切程度，是否能提供有力的材料而定，应当注重一些习惯性的东西，以便抓住事物的实质。

在记录过程中应该注意以下几点。一是记录要准确。要尊重客观事实，不能凭主观想象，不能凭空捏造。二是记录要全面，要将观察内容全部情况记录下来，不能丢掉一些现象。三是记录要有序，不可随意颠倒顺序。应按照事情发展的顺序进行有序的记录，不仅能为研究打下基础，而且很可能从中揭示内部的一些联系和规律。观察过后应尽可能快速地记笔记，因为信息在短时间内被遗忘的数量很少，而随着时间的推移信息会越来越多地被忘掉。观察者还要及时记录相关信息，并在可能的情况下记录自己的感悟和体验。要善于抓住观察现象的起因，要密切注意在观察范围内的各种活动引起的反应；应当着重注意一贯性的东西，但也不要忽略偶然的或另外的东西，认真做好观察记录。

七、整理分析资料

观察结束后，要对观察记录进行初步整理，对笔录资料要分门别类地存放，对录像、录音、摄像资料要登记并做卡片，以免事后因记忆模糊造成资料混乱。在整理资料过程中要注意以下几点：一是整理资料。检查所需的资料是否都收集到了，如果还没有收集到，就要延长观察时间，继续观察，一直到所有材料基本齐全为止。二是审查资料。审查收集到的观察资料是否有效，改掉明显错误的地方，补充遗漏的地方，使观察记录完整，准确，清楚。三是编码分类归档。编码就是用分析的概念或者数字符号对记录的文字进行标注，分类就是在编码的基础上，把同一类编码的资料归集在一起，装在文件袋里。

对观察信息的分析可以从定性、定量两方面进行，结构观察方式获得的资料一般要做定量分析；非结构方式获得的资料一般采用定性分析的方式。运用定量的方法可以获得准确的数据，加深我们对课堂事实的了解；运用定性的方法则可以结合情境思考、分析观察信息，并提高分析的深度。

八、撰写观察报告

仅借助自然观察法，不能完成对一个课题的系统研究，研究者常常要将通过观察所收集的资料与通过其他研究方法所获得的信息融为一体，才能提出观点并加以阐述，撰写成报告。观察报告是观察研究成果的表现形式，通常包括研究背景、研究步骤、研究结果三个主要部分，在此基础上可以根据需要加入简介和参考文献，将获得的重要数据以附录的形式列出。

研究背景包括研究缘起、研究目的和意义以及研究问题。研究缘起通常是阐述研究问题所提出的背景与现状，表明自己感兴趣和认为重要的方面。研究目的和意义主要阐述所研究的这个选题想要得到什么样的研究结果及有何种研究价值。研究问题需要研究者明确研究的中心和方向。研究步骤，这部分也可以称为研究程序或研究方法，通常阐述整个研究过程。观察研究需要借助一定的观察工具，在观察报告中可以根据需要介绍观察工具的设计与开发过程，阐述研究程序是为了让其他研究者发现问题，或者重新研究，以证实或反驳本研究的结论，通常包括观察在什么地方、什么时候、具体做什么以及如何做。研究结果是指研究者需要呈现观察收集到的资料，以及分析最终的研究结论。

第三节　观察的规范与技巧

心理学以及相关学科的研究中，已经形成了一些成熟的观察规范与记录等方面的方法或技巧。了解这些技巧和要求，能更好地进行观察研究。

一、观察的规范

（一）做好充分的准备

在进入观察现场之前，除了明确观察任务，准备好观察工具之外，还必须较好地把握进入现场的时间，选择最佳的位置。一般而言，观察者需要提前几分钟进入课堂，并根据观察任务确定观察位置。

（二）重视合作的力量

观察信息的收集与记录十分耗时。因为观察者在一次课堂观察过程中，只收集某一方面的信息，不能同时收集几个方面的信息，因此观察中的合作尤为重要，为了提高合作的效益，必须寻找志同道合的人，组成合作团队。合作团队之间要通过多次的沟通，以达成对观察目的、观察任务的共识，同时要进行明确的任务分配，以保证信息收集的完备性与准确性。

（三）运用联系的原则

尤其是定量信息的分析一定要慎重，不能只做表面的推论或是只给出一个简单的结论。应该运用联系的原则，将这些信息放回信息生成的情境中去，结合情境对信息背后的原因作较为合理的解释。

（四）避免不必要的推论

课堂观察的主要目的在于理解教学现象，解决教学问题，提高教学效率，并促进教师的专业发展，不要将课堂观察信息的解读等同于对教师教学能力高低的评价。课堂观察信息的记录与分析，在一定程度能够让我们发现教师的优势与智慧以及其在教学中体现出来的短板。但是课堂观察的使命不在于评判教师能力的高低，而在于探讨这种现象背后对于教师理解教学、提升教学水平的意义。

二、观察记录的方法

对于观察法来说，观察记录是确保观察到的事实材料准确、客观的最关键的一环，观察记录是录音或录像所不能代替的。后者只是观察者研究查询到的杂乱且最原始的资料，观察记录应该符合准确性、完整性和有序性的要求。观察记录的方法与观察法密切相连，使用什么观察法就采用与之相应的观察记录方法，观察记录的方法一般有以下几种。

（一）描述记录法

描述记录法也称为描述性观察法，是随着行为或事件的发生，自然地将它再现出来；观察者详细地做观察记录，然后对观察资料加以分类，进行分析研究。这种观察既无事先制作的观察项目清单，也无既定不变的观察提纲。研究者只是大致勾勒出一个粗线条的观察思路，在观察过程中对教学或其他活动予以尽量详细且原本（不是转述）的记录，并在观察后根据回忆对记录加以必要补充与完善。

文字描述记录的内容包括：谁（行为者和行为对象）、什么地方（行为或事件发生的场景、地点）、什么时间（日期和具体时间）、什么事（哪种行为或事件）、怎样（行为或事件的具体表现及过程）、为什么（思考行为时间的原因）。记录观察对象的表现时，应该包括行为活动、语言、表情神态以及动作姿态等，同时还要注意当时的情境和与观察目标有关的全部信息。在记录时与前面的客观事实相区别，一般用括号括出来。

描述记录法包括实况记录法、日记描述法和轶事记录法这3种主要方式。

1.实况记录法

实况记录法是指对自然发生的顺序、事件或行为，在一定时间内实施不断的记录，然后对所收集的原始资料进行分类并加以分析的方法。它可以对被试的行为进行连续的、定期的观察，也可以进行定点的持续观察。实况详录法在教育心理学、发展心理学等很多领域都有所应用。例如，儿童心理学专家陈会昌曾经长期对婴幼儿的气质、依恋发展进行追踪研究，收集资料的主要方法就是观察法，包括做了大量的实况记录工作。除了对儿童在家庭中和父母的自由游戏、在幼儿园的自由游戏以及进入小学后在课外活动中的同伴游戏进行自然观察外，他还多次在实验室里进行录像实录观察。他们采用了"陌生情境"的研究程序，让一个婴儿或幼儿与母亲一起进入一个不熟悉的房间（也就是观察室），研究者在40～60分钟时间里不断变换陌生人和新奇的玩具，观察儿童对陌生人、陌生事物和情境的反应。其观察室中装备有可以快速转动的摄像机，一面墙上装有大镜子，这样可以保证在任何时候、任何情况下都能拍摄下儿童在观察室任何角落的行为（陈会昌，2002）。实况记录法的目的是无选择地记录被研究行为或现象系列中的全部细节，获得对这些行为或现象的详细的、客观的描述。尤其要注意描述的客观性。如对同一情境的两种不同的描述记录：

"明明看见妈妈来了很高兴。"

"明明看见妈妈来了，跳起来，笑着。"

第二种描述记录明显更符合客观性的要求。

实况记录法的记录时间以一小时为宜，有特殊要求的，可延长至两个小时或半天。记录时最好多人分工合作，也可安排两组观察者轮流进行。可借助摄像机、录音机等收集保存资料，供研究者回放，仔细研究。

【实况记录案例】

观察婴儿的一个早晨

……他把刚拣起的一个瓶子扔下去，模仿妈妈的样子说："坏孩子！"又拣起那只瓶子，坐下来，啃它。然后，右手拿着瓶子爬到左边，起身，丢下瓶子，朝他妈妈那儿走去，拿了他那装有食物的瓶子，向左转，往回走，走回他丢下的另一只瓶子那里。他试着把一个瓶盖盖在瓶子上。之后，他爬到钢琴罩子下面，用瓶子敲打钢琴。他被拉开，驯服地接受惩罚。他又躺下来吃东西，站起来，走了几步，又向左转，走了几步到钢琴前，往钢琴罩子下爬，又从罩子下钻出来。他拿起娃娃，弄得它哇哇叫，又扔下娃娃，去拿软木塞和锡盒，再次试图把它们装在一起，一边摆弄一边自言自语地咕噜着什么。他站起来，用右手玩钢琴，坐下，起来，又坐下……

实况记录法的优点在于可以长久保存，且可用于多种目的下的各种分析，经济而有效；能够提供详尽、丰富的背景性资料，研究者可以根据研究的需要分析观察全过程中各个角度的问题，研究这些具体行为和问题有关的背景。实况记录法的缺点在于因为资料庞杂，如果没有设备的辅助，单纯依靠人工比较困难，分析起来需要较多的人力和物力。

2. 日记描述法

日记描述法，也称儿童传记法，是一种记录连续变化的新的发展和新的行为的方法，是一种纵向记录的方法，最早使用这种方法的是瑞士教育家裴斯泰洛齐。他以观察日记的形式对儿童的自然发展进行描述。日记描述法是研究儿童行为的一种古老的方法，也是使用最广的方法，国内外很多教育家、心理学家都曾使用过。我国教育家陈鹤琴先生同样采用此种方法对儿子陈一鸣进行观察，从儿子出生之日起，对其身心发展变化及各种刺激的反应进行了808天的观察。德国心理学家普莱尔对自己儿子进行长期的科学观察，并以日记方式加以详细记录，在此基础上，于1882年完成了世界上第一本儿童心理学教科书——《儿童心理学》。

【日记描述法案例】

陈鹤琴对儿子陈一鸣的观察记录

第266天：

喜爱在外游玩：他祖母时常抱他下楼到外边玩耍，今天他在祖母怀里，看见楼梯，身子向着楼梯就要下去，祖母特意转身向房里走，他就哭了；再抱向楼梯他就不哭，后来抱他下楼去，就很开心了。这里可以表示他：① 知道方向；② 喜欢到外边玩去；③ 记得从楼梯可以出去；④ 意志坚强。

1岁4个月的观察记录如此：

他知道炉火是热的。有一天早上他手触着没生火的冷火炉，就缩手在衣服上擦着，他的意思是以为火炉是有火的。这里有几点：① 他把火炉同"热"联系起来；② 小孩子容易犯错觉的毛病；③ 他以为手上的热可以擦去的，这种动作他并没有看见人做过，大人也没教过他，大概是自然发生的。

日记描述法的优点在于可以全面、详尽、生动地了解儿童发展的各个方面，可以反映儿童发展的动态过程；观察描述可长期保留和反复研究利用。日记描述法的局限性在于研究对象有限，因而缺乏代表性，不容易概括出儿童行为的一般特点；且要求观察者必须在较长时间内天天有机会观察，不能间断、持之以恒地进行观察，因此适用于父母对子女的观察；同时对子女的观察容易带有主观色彩。随着网络技术的发展，日记描述法获得了新的使用。例如，研究者为确定大学生经历的压力事件的内容和性质，可以要求志愿参加研究的大学生每天写"网络日记"，记录自己当天经历的事件以及如何应对，并将日记发送给研究者分析。不过，这种网络日记，不是由研究者来直接观察被试，而更多是被试的自我陈述。

3. 轶事记录法

轶事记录法是指观察者对独特的、感兴趣、有价值、有意义的行为或事件进行完整详细的记录，供日后分析使用的一种方法。它与日记描述法都是描述性的，但它不像日记描述法那样连续记载新的发展和新的行为，而是着重记录某种有价值的行为或研究者感兴趣的行为。轶事记录要求准确、如实地反映情况，不加入主观判断和解释，把主观判断和解释与客观事实区分开，可以随时随地进行记录，也可以事后通过回忆追记，简单易行，是一种用来研究儿童常用的方法。轶事记录法没有特殊的基础要求，只需要在发现值得记录的行为和轶事时及时地记录下来，记录要求准确、如实地反映情况，不加入主观解释，或者把主观判断和解释与事实区分开。

【轶事记录法案例1】

我现在不是爸爸了

记录：3岁的却利和他妹妹在玩过家家。却利说他自己是爸爸。当他走进厨房，他的大姐姐要给他一块蛋糕，姐姐知道他很爱吃蛋糕，但却利拒绝了。他说："我要蛋糕做什么？大人是在吃饭时才吃它的。"十分钟后，却利来了，说："姐姐，我现在可以吃蛋糕吗？我现在不是爸爸了，是却利。"	分析：却利在游戏中的角色投入角色的模仿

采用轶事记录法进行观察记录，既可以帮助研究者考察观察对象的个性特征和行为特点，深入了解观察对象的成长与发展，以便有针对性地采取教育措施，也可以帮助教师站在观察对象的角度，深入了解他们是如何认识世界并与周围世界进行互动的。通过收集相关的轶事，对记录资料进行归纳分析，可以探索和揭示儿童发展及教育的规律特点。

轶事记录法的优点在于它不受时间限制，不需要特殊的情景或特殊的步骤，事先也不需要做编码分类，简单易行，收集到的资料具体、详细、真实、可靠，没有特别技术上的要求；缺点在于可能会带有主观色彩。

【轶事记录法案例2】

对水管游戏的观察

时间：2008年9月24日，上午10:05。

地点：教室盥洗室门口。

对象：清清与几个小伙伴。

清清和几个孩子在争论谁应该先进盥洗室玩水管游戏。清清问："我们谁最大？"君君说："我最大！"磊磊说："我最大，我属羊。"君君说："我也属羊。"清清说："算了，我们来黑白配！"第一轮后，有几个孩子手心朝上，有几个孩子手背朝上，清清自己是手背朝上的。她立即拍了一下文文的手（文文是手心朝上的），说："你第一个玩儿！非非和君君（也是手心朝上的）石头剪刀布看谁第二个玩儿！"于是，文文高兴地奔进盥洗室，其他手背朝上的孩子不开心地散开了，清清继续看非非和君君玩儿石头剪刀布，分出胜负后她自己也跑开玩别的去了。我问清清："为什么你选手心朝上的孩子玩水管游戏？"她说："手心朝上是有魔力的！"我问："那为什么你选文文第一个玩儿？"她说："她的手是笔笔直的，伸得最漂亮！"

（二）取样记录法

取样记录法兴起于20世纪20年代，是一种以行为为样本的记录方法。取样记录不是详细地描述行为或事件，而是缩小范围的聚焦记录。与描述记录法相比，取样记录法具有更好的客观性、可控性和有效性。取样记录是首先对观察的行为或事件进行分类，通过分类转化为可以数量化的材料，运用具体的可感知的方式，对每种材料进行鉴定，再次设计出记录表，从而便于记录。取样记录可以获得可靠的观察资料，又节省人力物力，减少记录所需要的时间。

取样记录法最主要的两种记录方式，分别为时间取样法和事件取样法。

1.时间取样法

时间取样法是以时间为取样标准，专门观察和记录在特定时间内所发生的特定行为事件和特定样本，主要记录行为呈现与否、呈现频率及持续时间。这种方法注重的是行为事件的存在，研究者可事先将行为类型进行编码，可用行为名称的缩写、字母和字头来表示，观察者要预先理解操作定义，熟悉编码系统，才能准确地进行观察记录。观察的行为必须是出现频率较高的，每15分钟不低于一次，例如，我们要了解师生课堂言语交流的情况，将观察时间选在新授课、复习课就比选在练习课更有代表性；这是因为，在新授课、复习课上，教师与学生之间进行言语交流的机会很多，而在练习课上，这种机会就比较少了，且观察的行为必须是外显的，即可被观察到的。因此，在观察前必须对目标进行分类，分别给出操作定义，可以在事先准备的表格上记录，也可以用书面描述的方式记录。

【时间取样法案例1】

书面描述记录

上午10:00，杰克坐在地毯上看着成人。

上午10:05，杰克注意听成人给儿童群体读故事。

上午10:10，举起右手回答有关故事的提问。

上午10:15，用右手食指捅他前面的儿童。

上午10:20，成人把他移到另一个地方。

上午10:25，又一次举手回答提问。

【时间取样法案例2】

表格记录：大学生的课堂学习行为及其发生频率

姓名	时间	学习行为		
		（1）	（2）	（3）
	9:00—9:01			
	9:01—9:02			
	9:02—9:03			
	9:03—9:04			
	9:04—9:05			

在设计表格时：一要确定时间单位，如时长、时间间隔、次数等，二要权衡对象、行为、时间三者间的关系，三要对研究对象的行为进行编码，必要时可预留空白栏。采用表格记录方式进行记录时，可根据行为出现与否标记"√"，或用"正"表示行为频率。

【时间取样法案例3】

表格记录：幼儿吸吮手指动作记录表

儿童姓名：　　　　年龄：　　　　性别：　　　　记录者：

时间段	日期	开始记录时间	结束记录时间	行为是否发生	备注
1	3月25日	上午10:00	上午10:15	√	
2	3月25日	下午3:00	下午3:15	√	
3	3月26日	上午10:00	上午10:15		
4	3月26日	下午3:00	下午3:15	√	
5	3月27日	上午10:00	上午10:15		
6	3月27日	下午3:00	下午3:15	√	
7	3月28日	上午10:00	上午10:15	√	
8	3月28日	下午3:00	下午3:15	√	

时间取样法的优点是对观察行为或事件有较强的控制；省时省力，能在较短时间内收集到具有代表性的资料；准确客观，一定程度上可以摆脱观察者的主观选择和判断，可进行量化分析。时间取样法的缺点是它仅适用于研究经常发生的外显行为，如学生上课表现、师生交往、教师言行与指令等，但不适用于观察学生的内隐行为，如心理活动、上课表现。采用这种方法所获得的资料往往说明行为的种种特征，并非有关环境背景的资料；这种观察记录方法不能说明在具体情境下的行为及其性质，不确定行为之间的联系；要在预先观察制作表格的基础上进行，容易忽略其他重要信息。

2. 事件取样法

事件取样是以幼儿特定行为的发生为选择标准的观察记录方法，是对于幼儿的特殊行为或事件，例如幼儿的争吵、打架、合作等发生频率较低的行为所设计的观察法。事件取样是以事件为单位进行记录，只要预定的行为或事件一出现，就必须马上记录，并随时间的发展持续记录其全过程，不仅要记录行为或事件本身，而且要把行为发生或事件出现的前因后果以及环境背景情况也记录下来。需要观察者在预备性观察的基础上，对所要研究的行为事件给出操作定义，观察者应事先熟悉观察行为或事件的一般状况，以便在适当的和最有利的场合进行观察。例如，界定何谓"合作"，观察者随时等待幼儿，只要所欲观察的行为出现，即予以记录。观察者一旦判断幼儿发生了合作行为，即开始记录，一直到行为结束为止，因此记录的内容仍以事件为主，详细忠实地记录该事件。事件取样法对所要观察的行为要先界定清楚，它所关心的是事件本身的特征，而非像时间取样法关心的是事件是否存在。

事件取样法的优点是，可以在有准备的情况下获得预先确定的有代表性的可行性研究样本。观察者预先了解到行为事件容易发生的场所，等待奇迹出现，然后进行观察记录，因此具有针对性。同时，又可以保留行为的连续性和完整性，得到关于事件的环境与背景资料，这样的记录比较完善，便于分析前因后果；且事件取样法不受时间限制，可以研究多种行为和事件。事件取样法的局限性在于，收集到的定性资料不太容易进行定量分析处理，所观察到的现象在不同情境下可能具有不同性质，故缺乏测量的稳定性。

时间取样观察可以选择固定的事件，也可以不选择固定的事件。在选择了固定的事件时，时间取样观察与事件取样观察存在着交叉之处；此时要注意区分两者的不同重点。事件取样观察以事件的发生、发展的线索为重点，旨在了解事件发生及变化的规律；而时间取样观察的重点是观察、了解事件的有无和多少（如有的听课者专门负责观察了解师生课堂活动的时间比例），而不关心事件的原因和进程等情况。事件取样观察必然较多地涉及时间，但这种时间在一次观察中是不受什么限制的，一般以事件的过程长短为标准，事先也无法控制；而时间取样观察中的时间是事先安排好的，不能随便变更。例如，我们通过现场观察了解一名学生在5分钟内读出汉语拼音直呼音节的个数，这是时间取样观察；了解一名学生读一篇课文的情况，包括时间长短，这是事件取样观察。

（三）观察评定法

1.核对表法（也称查核清单法）

核对表是一些简单的行为项目表，亦称查核清单。所谓清单，就是指一系列项目的排列，并标明关于这些项目是否出现的两种选择，供记录者判断后选择其中之一并作出记号，当出现此行为时就在该项目上画"√"，只判断行为出现与否，不提供有关行为性质的材料。清单中可以是关于观察或研究对象本身的各方面情况或环境情况的项目，如年龄等；也可以是关于某些方面动作行为的，如友好行为等。使用清单法应先列出所需要观察的项目，列出各项的具体内容，这些项目需要有具体要求，并按难易程度排列顺序编制观察表，再进行观察。

【核对表制定的案例】

5岁儿童形状与数概念理解能力检核表

（1）列出所要观察内容的重要项目

　　认得圆形、三角形、正方形、长方形。

　　知道圆形、三角形、正方形、长方形的名称。

能从一背诵到十。

会由一对一对应，对应到十。

有大小长短的概念。

知道首先的、中间的及最后的。

（2）列出目标行为

当老师说到下列形状的名称时，能把形状挑出来

	是	否
圆形	————	————
三角形	————	————
正方形	————	————
长方形	————	————

（3）依照逻辑组织目标行为

题项：	是	否
当提到形状名称时，能把形状挑出来		
圆形	————	————
正方形	————	————
三角形	————	————
长方形	————	————
可以数一到十		
	————	————
可以正确地说出下列形状名称		
圆形	————	————
正方形	————	————
三角形	————	————
长方形	————	————
显示对于下列关系概念的了解		
大于	————	————
小于	————	————
长于	————	————
短于	————	————
能做一对一的对应		
两个物体	————	————
三个物体	————	————
五个物体	————	————
十个物体	————	————
多于十个物体	————	————

（4）设计记录表

幼儿形状与数概念理解能力清单记录表

儿童姓名：

任务		能	不能
当提到形状名称时，能把形状挑出来：	圆形	_____	_____
	正方形	_____	_____
	三角形	_____	_____
	长方形	_____	_____
可以数一到十		_____	_____
……	……	……	……

核对表法的优点在于经济实用、可操作性强；观察过程紧密围绕观察目标而开展；结果便于分析和讨论，有多种运用的可能；可作为深入研究的前提。不足之处在于只观察和记录特定的行为或事件，容易忽略此外的其他资料；不能详细描述行为发生的情境及前因后果；观察的信度受到质疑；观察记录可能受限于观察时间，不适用于同一时间的观察行为。

2.等级评定法

等级评定法是对行为事件如何呈现及其在程度上的差别作出判断，确定等级，将观察所得的信息量化。观察者对观察对象的某些行为表现加以评定，评定可用等级优良中差或字母和数字来描述，还可以用词语来描述。等级评定可以当场评定，也可以在观察之后根据综合印象评定。比较客观的评定方法应该是事先规定各种等级的具体标准，由各个观察者当场评定。

【等级评定法案例】

小学教师教学情况评定量表

姓名_____ 性别_____ 年龄_____ 任教年级_____

评定内容	评定等级				
	1	2	3	4	5
能较好地组织与控制学生					
和学生关系亲近					
注意学生的需求与问题					
对工作表现出喜爱与热情					
认真备课、上课、批改作业					
安排班级活动具有灵活性					

　　使用等级评定量表法时应注意在实际观察基础上作出评定，进行必要的重复评定，求平均值，或由多个评定者作出判断，进而求平均值。同时要具体说明各个评定等级的含义，降低术语的模糊程度。

　　这种方法在幼儿园十分适用，教师可以在自然状态下对幼儿的游戏活动、日常生活中的行为进行观察，进而评价其发展特点和水平，同时也可以运用这种方法对教师的工作进行观察和评定，很容易使用，可以在短时间内迅速作出判断。

　　等级评定量表法的优点是比较容易编制和使用，所花时间较短，易于进行定量分析解释，可采用的测量行为较广；局限是主观性较强，容易带有个人偏见，解锁用术语简单模糊，评定者可能对数字理解不一致，造成误差，这种方法也不能说明行为的情境和原因。

　　不管采用何种记录方法，都要根据研究问题的性质、研究目的、内容、地点、时间以及使用的工具等加以灵活选择。始终要记住的是，根据研究类型选择研究方法，观察方法是为研究服务的。

第十章
科研创新

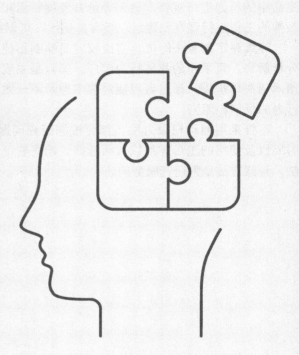

科学是人类的事业，科学研究必须放在人类的宏观背景下才有意义。科学研究是人类在不断地发现新问题、解决新问题中认识世界与改造世界的运动过程。"创新"是科学研究最根本的属性。心理学作为科学，其创新性也是至关重要的。心理学的研究者应以前人的积累为基础，寻求突破，提出新理论，获得新发现，创造新方法，形成新产品。本章将重点介绍心理学研究创新中的心理学产品的研发，以及大学生创新创业等相关内容。

第一节　心理产品的研发

许多心理学专业的学生和教师都遇到过这样的问题：当身边的家人或朋友知道你正学习心理学时，会询问如果他们想要了解心理学的知识有什么方法或途径吗？有时我们会推荐通俗易懂的心理学书籍，有时会推荐兼具专业性与趣味性的心理公众号，有时会介绍某位专家或学者的短视频，有时会推荐相应的有声书课程。这些以心理学知识为核心内容的载体，我们都可以称之为心理学产品。而心理产品的研发及其推广对于心理学专业的学生具有重要影响。一方面可以加深学生对相关专业课的基本概念和基本理论的理解，培养综合运用所学专业知识和基本技能的能力；另一方面，合格的心理产品需要面向市场，通过收集本行业的发展需求，了解行业的动态及发展趋势，有助于培养学生的学科视角，锻炼学生运用专业知识来解决实际问题的能力。在本节中将会介绍：量表的研发、在线服务系统的研发、课程及培养方案的研发以及自媒体产品的研发。

一、量表的研发

目前心理量表的研发主要集中于两方面，一方面集中于对汉化后的量表进行信效度检验及常模建立等，另一方面则是结合我国国情及人民的心理特点进行本土化量表的开发。

（一）已有量表的汉化

在我国的心理学研究中，为了更好地对国外已有心理量表加以应用，在前人的基础上进一步展开研究，许多研究领域涉及对国外成熟的心理测验或量表进行汉化。

第一步便是对量表进行翻译。通常首先由心理学专业人员将题目翻译为中文，完成后部分研究者会再组织相关领域专业人员对中文翻译题目进行修改讨论，形成中文版初稿；第二步，由同领域专家将中文初稿再译为英文并与量表原文进行对比，结合两个版本的不一致内容对相应的中文部分进行修改和调整，最终确定量表的中文版。

然而，由于东西方文化的差异，在许多层面存在观念的不同，因而常模参照测验在对参照体的选择、比较对象的范围确定以及结果的分析和解释中可能会存在差异。为了更准确、更科学地对分数进行解释，需要建立基于我国具体国情的有代表性的常模团体。以建立儿童抑郁障碍自评量表的中国城市常模为例（苏林雁，2003）。研究者从全国六个行政区的14个大中城市进行抽样，每个市抽取从小学二年级到初中三年级的160名在校生（每个年级20人，其中男女各半），去除个别无效样本，共含样本1925例，其中男968例、女957例，组成全国常模样本。同时从儿童心理门诊收集抑郁障碍患儿29例。常模分布在全国城市儿童中具有一定代表性，为后续儿童障碍的临床工作提供了有力的工具及参考依据。

一个量表在一个新的人群中使用时，必须对其进行分析检验，因而部分研究涉及对汉化量表的信度和效度检验。信度的评价和检验一般包含：内部一致性信度，考察量表内项目的一致性程度；分半信度，让量表按奇偶分半法分成两个半量表进行相关分析；重测信度，同一测验间隔一段时间后进行第二次测验，计算两次测验结果的相关性等。对于效度的评价一般包含：内容效度、结构效度、区分效度、效标关联效度等。

（二）本土量表的开发

通过检索我国心理学领域的研究发现，测量工具中很大比例来自修订的国外相关量表。这些量表通常具备良好的测量学指标，同时在相关领域有较为广泛的应用，但是一些量表中的部分内容不完全适合我国国情，有些在测验形式和题量上不符合当前研究对象的需求，有些测量的侧重点与具体的研究目的并不一致，有些则是取样的代表性有待完善。基于此现状，部分学者着手于编制适合我国国情并符合具体研究目的的本土量表。

【案例1】

老年心理健康量表（城市版）

为了编制适合我国城市老年人的心理健康量表，研究者在中国科学院心理所老年心理研究中心的研究基础上给出心理健康的定义并设计心理健康量表的维度划分：认知效能、情绪体验、自我认识、人际交往和适应能力。

量表的项目从第1版和第2版"老年心理健康问卷"、国内外相关问卷、与实际生活贴近的常见老年人心理健康问题以及对老年被试的个别访谈中筛选出120道题，用专家评定法对内容效度进行评价。随后以北京地区的463名老年人为被试，对通过内容效度检验的初试卷进行试测，并对试测结果进行因素分析，进而筛选出84题组成预试卷。接着以7个城市的867名老人为被试进行测验并对结果进行因素分析，最终确定包含65题的正式问卷。

随后，对问卷中的题目进行项目分析，确定题目具有较好的区分度。对问卷的信效度进行检验，结果显示符合测量学指标，能够有效地评估我国城市老年人的心理健康状况。进一步建立全国常模，为今后的相关研究提供了可靠的工具（李娟，2009）。

【案例2】

心理资本量表

已有研究显示，不同心理能力在个人主义和集体主义的文化中受到鼓励的程度不同，因而鼓励跨文化背景下的心理资本研究。研究者基于我国文化背景对心理资本的内涵及测量工具进行探索。

首先通过深度访谈、文献阅读、开放式问卷调查和专家访谈四种方式收集心理资本行为事件的陈述句。将录音材料转化为文本，运用内容分析法进行整理和调整，获得101条陈述句。接着由研究者对这些陈述句进行归类。为了验证归类的适当性，让第三方进行反向归类，即由归类者把题目放到类别中，并根据归类结果的一致性删减部分题目，保留98个项目。根据以上陈述句采用6点量表评价法进行量表的编写并试测。量表分为事务型心理资本与人际型心理资本两部分。对试测结果进行项目分析及探索性因素分析，形成包含63个项目、信度良好的本土心理资本量表。对量表进行效标关联效度检验，显示事务型、人际型心理资本的效标关联效度均较好。

对本土量表与西方量表进行比较，结果显示本土量表具有更好的信效度。在内部一致性信度上，本土心理资本量表仅略好一点，总体两者差别不大。进一步检验中西心理资本的构念效度，显示本土心理资本具有更好的构念效度。为心理资本理论的跨文化研究奠定了基础，提供了测量学指标良好的本土量表（柯江林，2009）。

二、在线服务系统的研发

为了使心理学更好地为生活服务，能够给普通人群提供心理健康知识和心理服务，为对心理学感兴趣的人群提供专业的学科训练的心理学在线服务系统应运而生。

（一）数字化学习的必要性

随着经济社会的发展，社会关系日益复杂，工作竞争更加激烈，人们承受的心理压力越来越大，出现的心理问题也越来越多。并且随着物质生活水平的不断提高，人们对精神生活的需要日益凸显，不仅希望拥有更和谐的人际关系，满足更高级的情感需要，还追求自身潜能的充分发挥，获得更多的自我实现。在这样的时代背景下，心理学对生活和工作的指导意义日益受到人们的重视，社会对心理学的需求越来越大。

以往，心理学专业知识和技能的获得对于非心理学专业人员而言，获取方式相对单一，如通过书籍阅读等方式进行自学，一方面不利于对知识的深入理解，另一方面理论与实践如果未能建立起联系，则不容易体会到心理学的趣味性，影响学习兴趣与动机。而对于来自专业院校或机构系统化培养的心理学专业人员，通过线上学习的方式对线下课程内容进行丰富和补充，则有利于知识的深入理解和学科视野的扩展。随着信息技术的发展，数字化学习为心理健康知识的普及和深入提供了便捷的平台。

与传统线下学习相比，在线服务系统具有便捷性。通过在线服务系统进行线上学习可以打破时间和空间的限制，在具备网络和接收设备等硬件条件的基础上，随时随地学习成为可能。许多在其他领域进行学习和工作的人群，可以根据自身需求更灵活地进行自主学习。在线服务系统具备资源的丰富性。在线学习可以在一定程度上实现优质资源的整合，可以方便地获取高质量的真人录制视频课程资源，通过专业人员的深入解读加深对重难点知识的理解；也可以根据不同的受众群体选择生动有趣的动画课程资源，使学习更具有趣味性；也可利用碎片时间进行科普类小文章的阅读，丰富知识储备，扩宽学科视野。

同时，在线服务系统可以更便捷地提供高质量的心理服务。面对来访者，线上经过严格的标准筛选，可以汇聚大量专业咨询师，更高效地为来访者提供高质量的心理咨询服务。面对咨询师，借助网络学习平台的资源优势可以为入门咨询师提供实习机会，增加实践经验，打造专业化培养路径。

总之，数字化学习为心理学知识的普及提供了助力，为有心理学需求的人群提供了知识学习的途径和获取社会服务的窗口。因而在心理学产品市场中，在线服务系统具有重要地位。许多具有一定市场影响力的心理服务机构致力于打造有自身特色的数字化门户网站，构建在线学习与服务系统。

（二）在线服务系统的开发

以心理服务平台"壹心理"门户网站为例，对在线服务系统的功能，即主要提供的服务内容进行介绍。壹心理在线服务系统主要包含以下模块：网站首页、阅读、心理问答、心理FM（注：电台）、心理测试、课程、成为咨询师、心理咨询、倾诉等。

1.网站首页

网站首页的功能是对各个模块的内容进行集中展示，对服务系统的具体功能进行直观呈现。

2.阅读

此模块呈现心理学文章，内容较为轻松通俗，方便非专业人员获取心理学知识。主题划分为：心理科普、婚恋情感、家庭关系、人际社交、自我觉察、成长学习、心理健康、职场技能、热点、性心理。每个主题下设有进一步层级划分。用户可根据自身需求选择相应主题内容进行阅读。

3. 心理问答

在此模块，用户可以通过匿名提问的形式说出自己的困扰，在平台上寻求答案。可以免费提问，也可进行悬赏。平时用户也可以选择对相应问题进行回答。通过问答的方式为每个人的心理问题找到满意的答案。

4. 心理FM

此模块为壹心理设计的一款治愈系网络电台，基于对心理知识的解读，通过温暖的文字并配合好听的音乐，给需要的用户提供温暖的声音陪伴。

5. 心理测试

此模块提供线上的心理测试，包含付费与免费两种。通过测试的方式帮助人们更好地了解自己与他人。按照主题分为精选、情感、性格、健康、职场、人际、能力、亲子等，方便用户根据需求进行选择。

6. 课程

该在线课程分为收费课程与免费课程两类，包含自我探索、亲密关系、人际关系、父母子女、情绪困扰、能力提升等主题课程，报名成功后通过平台公众号或壹心理APP进行在线学习。

7. 成为咨询师

此模块包含咨询师成长训练营、系统训练班以及网络课程。

8. 心理咨询

在此模块，人们可以通过线上预约的方式寻求心理咨询服务。来访者可以根据想要咨询的方向选择相应的咨询师，咨询方式包括语音咨询、视频咨询和面对面咨询。用户可通过平台了解咨询师的基本信息，如所在城市、收费标准等，并根据自身需求进行预约。

9. 倾诉

倾诉模块分为语音倾诉和文字倾诉。语音倾诉以即时语音通话的方式与倾听师进行交谈；文字倾诉则是以文字对话的方式为用户的困惑提供共情性支持，共同梳理解决思路。

三、课程及培养方案的研发

为了对心理学知识进行更深入地推广与应用，课程和培养方案的研发也十分必要。为想要获取心理学知识的用户提供系列课程开发服务，为有特定需求的学生及其他用户群体提供个性化的培养方案设计，使其在进行心理教育或心理服务时更具专业性与针对性。

（一）课程的开发

掌握一定的心理学知识，不仅能帮助人们更好地面对生活中的压力和挑战，建立更舒适的人际关系，经过专业的学习与训练还使给他人提供高质量的心理服务成为可能。因而针对不同的用户群体，心理学课程的开发可以细分为不同的方向。

根据不同的学习目标开发相应课程。针对心理学零基础、存在心理问题困扰，想要以心理学知识更好为自己服务的用户，可以开发具有科普性质的入门级系列课程；而针对拥有一定心理学知识基础，想要进一步进行专业化知识学习的用户，则需要开发专业训练课程。

根据不同的学习风格偏好进行课程开发。针对喜欢直观、生动教学风格的青少年群体，可以设计开发动画风格的课程，保证学习内容的趣味性；针对想在日常生活中解决自身问题的用户，可以开发以案例为主体的实践类科普课程，帮助用户在了解心理学基础知识的同时在实际案例中学习如何应用；针对严谨的理论型学习者，可以开发更具专业前沿性的理论课程；针对具有一定理论基础想要提升应用能力的学习者，则可邀请实操经验丰富的专家团队侧重开发实践操作类课程。

以国内专业心理服务平台"简单心理"为例，简单心理作为专注于提供高质量心理服务的平台，面向不同用户群体提供不同的课程服务：对个体用户提供心理科普课程，面向企业客户提供企业心理课程，面向心理咨询学习者提供系统的基础训练等。

根据不同的流派将课程分为精神分析、存在人本、认知行为、家庭治疗、后现代、整合流派与其他等7类，用户可根据自身兴趣选择相应流派的课程内容进行学习。同时根据课程形式不同，分为视频大咖课、音频读书会、2年训练课、直播讲座和科普课等，方便用户根据具体的项目形式进行筛选。

以科普课这一分类中的"恋爱解忧馆"课程为例，该课程通过知识讲解与应用训练相结合的形式展开，基于依恋理论帮助用户了解自己的依恋类型及适合的依恋风格的恋人，并通过情绪调节、如何应对冲突等内容的学习更好地维持爱情中的亲密关系。

（二）培养方案的开发

随着人们对心理健康的重视以及心理健康教育的普及，许多学校已在日常教学中开展心理健康教育系列课程。然而除了这些常规课程外，一些学校结合自身学生群体的特殊性，需要开发一些更具有具体针对性的课程，因而心理课程培养方案的开发存在一定的市场价值。

对于体育运动学校，学生在学习文化课知识的同时还需要进行专业的体育训练。部分项目的训练内容较为单一，且持续时间长、强度大，对学生的意志力要求较高。面对重要比赛时，学生会因面临激烈竞争而产生较大的压力。对于这些学生，需要将心理学知识与学习训练特点结合，开发更适合学生的心理健康培养方案，以便于帮助其更好地调整状态来应对挑战。

对于特殊学校，学生本身发展水平存在较大差异，每个学生在学习生活中面临的具体困难也不尽相同，因而许多学生在一定程度上存在心理健康的问题或困惑。需要通过对学生情况的充分了解，开发出适合特殊学生的心理健康培养方案，进一步推动学生的健康成长。

对于打工子弟学校，部分流动儿童在学校适应方面存在问题。在学习适应方面表现为学习积极性不高，成绩不理想；在人际关系适应方面表现为选择交往的群体和活动范围较为单一，师生关系微妙；在文化心理适应方面表现为自信心不足，缺乏心理归属感等（张丽媛，2019）。为了帮助学生更好地进行学校适应，需要有针对性地开发心理健康教育培养方案。

部分学校需要开展特定主题的心理健康教育。青少年生理上的急剧变化会带来一定的心理挑战，如何面对青春期的困惑、更加平稳地度过这段时光，则需要有针对性地进行心理健康引导。调查与研究显示，一些学校存在不同程度的校园欺凌，而这些欺凌事件的发生不光给孩子带来身体伤害，还会带来心理上的伤害，甚至有些心理阴影会伴随一生。为了有效避免欺凌事件的发生，降低欺凌对孩子心理上的伤害，则需要具备心理学知识的专业人员参与开发相应主题的培养方案，帮助学校老师更有针对性地开展心理健康教育。

四、自媒体产品的研发

随着互联网的普及与移动端用户的增加，人们对于快捷、简短、具有趣味性的心理服务需求也随之增加。自媒体心理产品因其形式的多样性、内容的丰富性得到飞速发展。

（一）微信公众平台的开发

随着社会信息传播的发展趋势，受众越来越习惯于接受简短、直观的信息，而自媒体内容则很好地呼应这一需求。同时自媒体具有个性化特征，用户可以根据自身需求进行选择。自媒体还可以为用户提供交互式体验，方便及时分享、讨论与交流。基于以上特性，自媒体产生了良好的传播效果。因而心理产品中的自媒体产品具有一定的市场价值。

微信公众平台借助微信的庞大用户群体，因而传播具有便捷性，只要登录微信即可对信息进行接收与传达。同时具备个性化特征，用户可根据自身需求对内容进行个性化选择。基于社会化关系网络进行传播，具有较高的稳定性和用户黏性。

以具有深度思维与专业性的高质量公众号"KnowYourself"为例，该公众号分为文章活动、心理服务和合作联系3个模块。

文章活动：针对公众号文章提供分类目录、精选主题和号内检索。其中，分类目录按照主题进行划分，每个主题进一步按内容形式区分，便于读者进行检索；精选专题则是由高质量文章按亲密关系、情绪、家庭、成长、观影等专题呈现。公众号文章围绕当下热点问题，以通俗易懂的语言基于心理学理论与前沿研究成果对问题背后的心理机制进行阐述，同时配有生动的案例，有时也会以漫画形式展开，内容在具有较强专业性与严谨性的同时也具备一定的生动性与趣味性。

在活动方面，"自我探索茶话会"是由KnowYourself团队定制研发，以自我探索、自我提升为目标的线下创新型心理产品。"获取日签"活动，通过关键字的自主选择获取由团队设计的独特的每日签名图片。

心理服务：主要提供以下服务，"城市修行"是在城市的线下空间通过冥想、身心运动等技术以提升自我觉察和身心健康水平；"人生必修课"则是以平实、简单易懂的语言，融入生活案例，帮助年轻人轻松学习心理学知识和能力的音频课程；"知我心理测评"提供各种主题的心理测评服务；"心理咨询入门课"主要为心理咨询爱好者提供专业、基础的心理学与心理咨询知识，确定职业兴趣以及探索成为心理咨询师的可能性；"一对一咨询"包含聊愈服务与心理咨询服务，其中聊愈即以线上书信的方式，提供心理关怀及心理困惑解答服务，心理咨询服务则交由一家具有医疗资质背景的公司运营。

合作联系：除自媒体外，一些在心理学领域具有较大影响力的传统媒体，如《心理学报》《心理科学进展》等期刊也开设了微信公众号，用于对内容的及时发布与传播。以《心理学报》为例，不仅可以通过公众号对在线期刊进行阅读，还提供便捷的稿件查询与期刊订阅服务。

（二）音视频产品的开发

移动互联网时代，短视频成为线上主流的传播形态之一。短视频用户可在移动端设备便捷地进行信息接收与分享，碎片化信息获取方式也更加符合用户使用习惯。同时基于大数据的内容推荐，满足了用户的个性化需求，内容更加符合用户兴趣。许多平台开发了优质的心理学短视频。

心理学短视频以科普方向为主题。其中，一类是系列心理学课程，由知名专家学者的精品课程通过适当剪辑以短视频的方式投放到网络平台，内容上具有一定的系统性与专业性，为心理学专业的学习人员提供优质的课程资源，同时为对心理学感兴趣的非专业人群提供专业知识获取的窗口，例如李玫瑾教授的"育儿心理学"课程。另一类则是侧重于应用性与趣味性，一般以现实案例为依托，对专业知识进行简洁、通俗的讲解，帮助用户更好地面对生活中的问题。主题涉及恋爱婚姻、情绪调节、个人成长、人际关系、解压放松、学业职场、原生家庭、性心理等。

除了短视频的广泛传播外，近年来国内音频用户规模也在不断增长。互联网的发展使用户获取的视觉信息越来越繁杂，因听觉信息的伴随性特点，许多人选择用"听"的方式在上班、下班、洗漱、睡前等碎片化时间中获得休闲放松。声音以其独特的穿透力，可以对一些有深度、有品质的内容娓娓道来，使用户在放松的同时进行有效的自我提升。

目前，心理学的音频类产品可大致分为两类：一类是在综合类音频分享平台开设的心理学专题板块；另一类则是专门的心理音频产品。例如，在喜马拉雅和荔枝等音频分享平台均设有心理这一板块，喜马拉雅的相应主题包含焦虑心理学、微表情与心理学、儿童教育心理学、心理学必读的100本经典等。而专门的心理音频产品则是聚焦于对心理学知识进行传播，例如壹心理出品的心理FM，专注于对心理知识的解读，配以温暖的文字与音乐，为用户提供温暖的声音陪伴。但这两种分类并不绝对，如心理FM开发独立APP的同时，也依托荔枝这一平台进行内容传播。

【延伸阅读】

失独老人心理自愈产品

失独老人由于家庭构成的巨变及失去唯一孩子的情感缺失，使其极易陷入各种联系的脱节。目前，我国出台相关领域的社会保障体系和支持政策，从一定程度上为失独老人提供了物质保障和生活帮助，但并未从根本上解决失独老人的心理问题。综上所述，此产品将从三大功能着手，通过运用线上线下双轨制去循序渐进地解决失独老人在个人与社会领域的困难。

第一，提供健康监测、医疗服务。该产品内置多种传感器，进而密切监测老年人的心率、睡眠、血压、运动。通过结合生物、物理原理，精准分析失独群体身体功能状况。根据身体功能状况反馈信息，运用所存储的大数据资源进行科学且全面的分析，从而为其提供最迅速、最优质的医疗建议。同时，该产品可开启定时提醒吃药、运动等细节化服务。

第二，建立失独老人心理诊疗平台。一方面，产品内含关于失独老人情感问题及其解答的大数据资源。失独老人可通过语音提问、诉说的方式，由此产品提取关键词，并结合大数据资源库内容进行语音回复，进而更高效、系统地帮助失独老人解决共性的心理问题。另一方面，当失独老人的心理问题超过大数据资源的范围时，此产品将及时反馈至系统终端，为失独老人提供专门、针对性的志愿心理医师服务项目，从而解决部分失独老人的个性、具体的心理问题。

第三，构建生活帮助、社会沟通的社会支持平台。该产品通过自创、收集全国各省市地方的相关领域交流群，提供社会交流与沟通平台，鼓励失独群体通过抱团取暖走出悲痛。同时，也为社会多方面支持提供帮扶渠道。对于愿意接受社会支持的失独群体，可以发布其信息，鼓励民政部门、慈善机构、民间互助团体及社会志愿者参与生活帮扶项目，构建良性的多方互动社会支持体系。（杨培，李玥颖，杨光晨，2020）

第二节　大学生创新创业

上一节介绍了心理学产品的研发，如果同学们能够将社会各行各业的心理服务需求，与自身的学科知识和专业优势相结合，开发出自己的心理产品，并且能够选择适合的方案进行宣传及推广，参与到创新创业的训练项目中，那么不仅有利于同学们夯实自己的专业基础，创新思维和解决问题的能力也将得到锻炼和提升，同时也可以为创新创业提供可能的方向。本节介绍创新创业能力培养和创新创业训练项目。

一、创新创业能力培养

随着创业型经济的发展，创业教育成为教育界关注的重点问题之一。创新创业能力的培养也成为当前高校促进毕业生就业的一种有效方式。

（一）大学生创新创业能力

通过对大学生创新创业能力的培养，不仅能在一定程度上改变其传统就业思想，同时能对学生的多方面能力的发展和培养起到促进作用，最终提高我国大学生的就业水平。大学生创业者成功与否受众多因素影响，而影响其结果的因素中大学生创新创业人才自身的能力素质可分为两方面：一方面为创业思想，另一方面为创业能力（李德平，2011）。

创业思想是大学生创业成功的必要条件，其中包含创业意识、创业精神和创业心理素质。创业意识指的是大学生对创业这一实践活动的正确认识、理性分析和自觉决策的心理过程，是大学生从事创业活动的强大内驱力，支配着创业者对创业活动的态度和行为，规定着行为的方向和强度（彭钢，1995）。创新精神是创业者的主要特征之一，包含冒险精神、投机精神和实干精神（张涛，2007）。创业心理素质指创业者的心理条件，包括自我意识、性格、情感等心理构成要素，对创业实践起调节作用。

创业能力是指能够实现创业目标的特殊能力，包括认知能力、综合性能力等。认知能力主要指在认知过程中表现出来的能力，包含注意、观察力、思维能力；综合性能力则是一种更高层次的创业能力，是社会环境和社会关系综合开发和运筹的能力，包含经营管理能力、领导合作能力和市场洞察力。

（二）如何有效开展高校创新创业教育

为有效地开展高校的创新创业教育，提高大学生的创新创业能力可以从以下几方面入手。

首先，需要进行创业意识的引导，提高创业积极性。对社会中的创新创业方向、创新创业思想理念在创新创业教育中进行实时更新，帮助学生在思想观念上建立创业的意识。具体可以通过邀请企业家或成功创业的往届毕业生开展讲座，通过榜样的示范作用来营造创业环境，进而调动大学生的创业积极性。

其次，科学地设置创新创业课程体系。课堂教学是创业教育的主要渠道，创新创业能力素质是多维度的，因而课程体系设置也应是多元化的，既要包括创业知识类课程，还应该包含创业精神类课程与创业实践类课程，在培养大学生创业精神的同时，提高学生的创业能力。

再次，完善各类扶持政策，制定大学生创新创业的政策机制。积极与地方政府建立创业服务体系，建立有利于大学生创业的平台，一方面提供有力的创业指导，积极发挥引导作用。另一方面制定相关政策帮助大学生创业。例如，对想创业的学生在学业上可以采取弹性学制，允许创业大学生先创业再完成学业。还要加强对大学生创业成果的保护力度，切实保障大学生创业的利益，如减免大学生创业专利申请费用等。

最后，完善创新创业实践机制。创新创业能力的培养具有很强的实践性，加强实践环节机制的构建，才能有效培养学生的创业能力。创业实践的形式可以分为课堂实践和课外实践环节。课堂实践可以通过模拟的环境来锻炼学生的能力。例如在本门课的课程教学中，教师以分组的形式结合本门课程教授的研究方法来引导学生开展科研项目，通过观察、实验、调查或测验法对问题进行研究，以科研项目为支撑加强本科生实践能力的培养。又如对应用心理学专业学生基于专业特性开展的一系列实践训练课程，包含《应用心理学专业与行业发展调研》《心理咨询技能实践与督导》《学习教练技能实训与实践》及《心理产品开发与推广》等，在实践中培养学生的专业知识与技能。课外实践环节的形式具有多样性，可以通过开展各种专业竞赛、创业设计大赛等活动，提高学生的观察力、思维能力、想象力、创造力、动手操作能力等，以此来提高大学生的创新创业能力。

二、创新创业训练项目

大学生创新创业训练计划项目是教育部实施的高校大学生创新创业教育的重要工程，以促进高等学校转变教育思想观念，改革人才培养模式，强化创新创业能力训练，增强高校学生的创新能力和在创新基础上的创业能力，培养适应创新型国家建设需要的高水平创新人才。

（一）中国国际"互联网＋"大学生创新创业大赛

中国国际"互联网＋"大学生创新创业大赛，由教育部与政府、各高校共同主办。大赛旨在深化高等教育综合改革，激发大学生的创造力，培养造就"大众创业、万众创新"的主力军；推动赛事成果转化，促进"互联网＋"新业态形成，服务经济提质增效升级；以创新引领创业、创业带动就业，推动高校毕业生更高质量创业就业。

第一届以"'互联网+'成就梦想，创新创业开辟未来"为主题，在吉林大学成功举办。

第二届主题为"拥抱'互联网+'时代，共筑创新创业梦想"，由华中科技大学承办。

第三届增加了参赛项目类型，鼓励师生共创，由西安电子科技大学承办。

第四届以"勇立时代潮头敢闯会创，扎根中国大地书写人生华章"为主题，由厦门大学承办。

第五届大赛共有来自全球五大洲124个国家和地区的457万名大学生、109万个团队报名参赛，参赛项目和学生数接近前四届大赛的总和，由浙江大学和杭州市人民政府承办。

第六届大赛以"我敢闯、我会创"为主题。大赛设置了高教、职教、国际、萌芽四大板块，形成了包括基础教育、职业教育、高等教育的贯通式"双创"教育链条。

大赛目的为以赛促学，培养创新创业生力军。大赛旨在激发学生的创造力，激励广大青年扎根中国大地，了解国情民情，锤炼意志品质，开拓国际视野，在创新创业中增长智慧才干，把激昂的青春梦融入伟大的中国梦，努力成长为德才兼备的有为人才。

以赛促教，探索素质教育新途径。把大赛作为深化创新创业教育改革的重要抓手，引导各类学校主动服务国家战略和区域发展，深化人才培养综合改革，全面推进素质教育，切实提高学生的创新精神、创业意识和创新创业能力。推动人才培养范式深刻变革，形成新的人才质量观、教学质量观、质量文化观。

以赛促创，搭建成果转化新平台。推动赛事成果转化和产学研用紧密结合，促进"互联网+"新业态形成，服务经济高质量发展，努力形成高校毕业生更高质量创业就业的新局面。

在大赛的带动下，青年学子的实践锻炼能力显著增强。2020年，1088所高校的3.8万余个项目入选"国家级大学生创新创业训练计划"，参与学生人数共计16万余人，项目经费达7.6亿元，以学生为主体的创新性实践在各高校全面铺开。

经抽样调查统计，前五届大赛参赛项目累计落地创办企业超过7万个，创造就业岗位超过60万个，间接带动就业超过400万。今年，大赛主动应对严峻的就业形势，在评审规则中增加了专门指标，考察项目在创业带动就业方面的情况和前景，以创新驱动创业、以创业引领就业，形成高校毕业生更高质量创业就业的新局面。

（二）全国大学生创新创业大赛

2018年11月25日，首届"能源·智慧·未来"全国大学生创新创业大赛在山东青岛西海岸的中国石油大学（华东）举行。来自北京大学、清华大学、上海交通大学等91所高校的220项参赛项目入围全国总决赛。

大赛以"创新、绿色、智慧、未来"为主题，由中国高等教育学会、共青团中央学校部、共青团山东省委等指导主办，自2018年5月启动以来，吸引了全国269所高校、2325支团队、8135名参赛选手、1978件参赛作品报名参加。

大赛划分创新类与创业类作品通道，参赛作品包括军用太阳能节能环保空调、节能型城市概念车、太阳能浮岛水体净化装置、新能源预测系统……体现了大数据、云计算、人工智能等新一轮工业革命重点领域的前沿趋势和最新成果。

（三）其他平台创新创业大赛

除以上两个创新创业大赛外，还有许多机构及高校开展相应创新创业赛事，部分大赛作为中国国际"互联网＋"大学生创新创业大赛的选拔赛，对参赛项目进行遴选与评价，以便进一步促进大学生创新创业能力的发展。

例如，由浙江省大学生科技竞赛委员会主办，杭州师范大学承办，以"'互联网＋'成就梦想，创新创业开辟未来"为主题的浙江省"互联网＋"大学生创新创业大赛，即为中国"互联网＋"大学生创新创业大赛选拔赛。

在校赛基础上，按照组委会配额择优遴选项目进入省赛。省赛分初赛和决赛两个阶段，通过网络评审，遴选前25％的团队进入省级复赛。决赛通过现场答辩，决出金、银、铜奖，并遴选出参加全国总决赛的候选团队。

【延伸阅读】

"小天使爱观察"项目

以第六届中国国际"互联网＋"大学生创新创业大赛石家庄学院校级二等奖项目"小天使爱观察"为例。

一、项目概述

该项目主要面向于4～9岁儿童及其家长，将采用线上加线下结合的方式，针对4～9岁儿童进行观察力有关课程辅导，辅助相关游戏和专业训练，提高儿童观察力。

"小天使爱观察"六个优势：

① 家长能够通过本项目产品详细地了解到观察力对于儿童未来发展的重要性以及相关知识，如：4～9岁儿童阶段特征、4～9岁阶段儿童发展能力水平等。

② 本产品立足于当前4～9岁儿童及其家长的需求，率先以公众号的现代科技形式进行有关观察力的训练，有一定新颖性。

③ 我们只针对4～9岁有提高观察力需求的儿童进行观察力与注意力训练，有较强的针对性。

④ 在课程前期进行儿童能力测评，使儿童和家长了解孩子自身情况，对自己产生定位，选择适合自身的后期学习任务，符合个性化教学。

⑤ 让儿童、家长、老师共同参与到儿童的观察力训练活动中，打破了之前老师单方面授课灌输、学生一味接受的单一学习模式；并在家长参与下，形成更加美好的亲子关系。

⑥ 为家长和老师构建交流基地，家长们可以交流彼此经验并对老师进行发问请教，对公众号的内容进行反馈，使项目更优化。

二、产品介绍

"小天使爱观察"这一公众号，面向的群体主要是4～9岁的有提高观察力需求的儿童及儿童家长，4～9岁这一阶段是儿童发展各种能力的最好阶段，而在这一阶段的儿童，对周围的事物表现出好奇心并表现出了主动探索的欲望，他们也会在探索并完成任务后得到勤奋感及满足感；同时，在这个阶段儿童逐渐脱离完全的不随意注意阶段，向有外部提示的随意注意阶段迈进。对于这个阶段而言，儿童的观察力的培养是不可忽视的重要一环，这对孩子以后的学习和发展都尤为重要。因此，本团队设计出专门用来培养和训练儿童的观察力的公众号，有较强大的针对性。儿童可以在本公众号上进行专业测评、课程听讲、活动训练、提高程度测试，从而提高观察力。此外，还设有针对家长的专门板块，使得家长可以更好地了解此年龄段孩子的身心发展规律以及教育方法；陪同儿童完成观察力的训练；在交流区与其他家长交流经验、向老师发问等，以合作交流方式给孩子以较高的收获感。

"小天使爱观察"公众号主要包括四大模块（详见下图）。

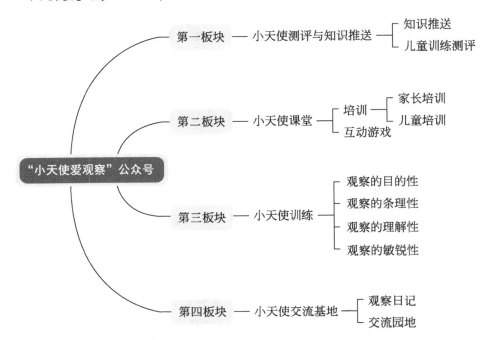

1. 第一板块：小天使测评与知识推送。

2. 第二板块：小天使课堂。

3. 第三板块：小天使训练。

4. 第四板块：小天使交流基地。

三、商业模式

① 用户群体为4～9岁有提高观察力需求的儿童及其父母，解决部分父母面临不知如何有效培养儿童观察力及注意力的困境。

② 主要盈利方式为购买小天使课堂中的培训课程，微信公众号中设置虚拟币——小天使积分，可用来换取课程或解锁隐藏关卡。

③ 完成一定小任务获得一定天使积分或者邀请五人可获得体验课程。

④ 小天使课堂分为基础班和进阶VIP班，基础班对于用户是完全免费的，用于增加客户对于本产品的体验感，对于进阶VIP课程，则需要购买。

⑤ 公司会配备专业的管理人员和运营人员进行管理推广。

附录
学士学位
论文格式
要求

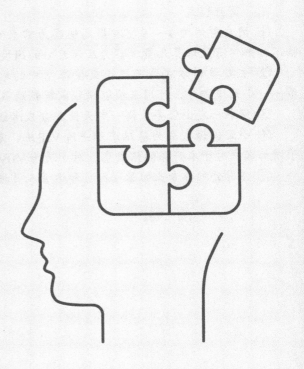

学士学位论文

（小初号 楷体 居中）

（四号黑体）

题　　目：（题目为宋体四号字左对齐）

　　　　　　_____

学　　院：（以下内容仿宋四号字左对齐）

专　　业：_____

姓　　名：_____

学　　号：_____

指导教师：_____

年　　　月　　　日

学位论文原创性声明

本人所提交的学位论文_____，是在导师的指导下，独立进行研究工作所取得的原创性成果。除文中已经注明引用的内容外，本论文不包含任何其他个人或集体已经发表或撰写过的研究成果。对本文的研究作出重要贡献的个人和集体，均已在文中标明。

本声明的法律后果由本人承担。

论文作者（签名）：　　　　　　　指导教师确认（签名）：

　　年　　月　　日　　　　　　　　　年　　月　　日

学位论文版权使用授权书

本学位论文作者完全了解石家庄学院有权保留并向国家有关部门或机构送交学位论文的复印件和磁盘，允许论文被查阅和借阅。本人授权石家庄学院可以将学位论文的全部或部分内容编入有关数据库进行检索，可以采用影印、缩印或其他复制手段保存、汇编学位论文。

保密的学位论文在_____年解密后适用本授权书。

论文作者（签名）：　　　　　　　指导教师（签名）：

　　年　　月　　日　　　　　　　　　年　　月　　日

黑体小三号字，段前40磅，段后20pt，行距20pt。"摘要"两个字中间空两个汉字符宽度。

第一章　摘□□要

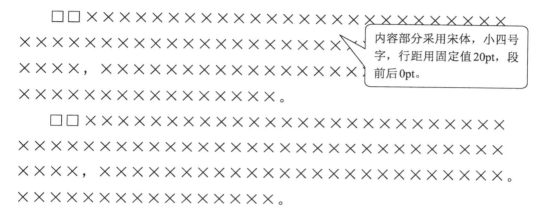

　　□□××××××××××××××××××××××××××××××××
××××××××××××××××××××××××××××××××××
××××，×××××××××××××××××××××××
××××××××××××××。

内容部分采用宋体，小四号字，行距用固定值20pt，段前后0pt。

　　□□××××××××××××××××××××××××××××××××
××××××××××××××××××××××××××××××××
××××，××××××××××××××××××××××××。
××××××××××××××。

关键词：×××××；×××××；×××××；××××

顶格，黑体，小四号。

每个关键词用分号间隔，3～5个，宋体，小四号。

注：摘要单独成页

Arial 字体小三号字，居中书写，段前40pt，段后20pt，行距为固定值20pt。

ABSTRACT

□□ ×××。

内容采用小四号 Times New Roman 字体，行距用固定值20pt，段前后0pt。两端对齐，标点符号用英文标点符号。

Key words：×××××；×××××；×××××；×××××

顶格，Times New Roman，加黑，小四号。

与中文摘要部分的关键词对应，每个关键词之间用分号间隔。

注：摘要单独成页。

目　　录

黑体小三号字，段前40pt，段后20pt，行距20pt。"目录"两个字中间空两个汉字符宽度。

目录从一级标题开始，每章标题用黑体小四号字，行间距为20pt，行前空6pt，行后空0pt。其他级节标题用宋体小四号字，行间距为20pt。下级标题比上级左边多空两个汉字符宽度。

注：目录单独成页。

页眉，宋体五号字居中书写。

第1章□×××

××××××××
××××××××××××

一级标题序号采用阿拉伯数字，序号与标题名之间空一个汉字符宽度。采用黑体小三号字，居中书写，段前40pt，段后20pt，行距20pt。论文的摘要、目录、参考文献、致谢、声明、附录等部分的标题与章标题属于同一等级，也使用上述格式。

1.1□×××

×××××××

标题序号与标题名之间空一个汉字符宽度（下同）。采用黑体四号。字居左书写，行距为固定值20pt，段前空24pt，段后空6pt。

1.1.1□×××

×××××××××　×××××××××
×××××××××××　×××××××××
×××××××××××
××××××××××××
××××××××××××××××

采用黑体13pt字居左书写，行距为固定值20pt，段前空12pt，段后空6pt。

采用小四号字，汉字用宋体，英文用Times New Roman体，两端对齐书写，段落首行左缩进2个汉字符宽度。行距为固定值20pt（段落中有数学表达式时，可根据表达需要设置该段的行距），段前空0pt，段后空0pt。

187

*图表示例：

表格按章编号，表题在表格上方正中，表题黑体11pt。表序和表名空一个汉字符宽度。

表1.1□×××××

11pt宋体	11pt宋体	11pt宋体
11pt宋体	11pt宋体	

*示例表注（必要时）

表注用10.5pt宋体，与表格单倍行间距。

采用三线表（必要时可加辅助线，三线表无法清晰表达时可采用其他格式），即表的上、下边线为单直线，线粗为1.5pt；第三条线为单直线，线粗为1pt。表单元格中的文字居中，采用11pt宋体字，单倍行距，段前空3pt，段后空3pt。

参考文献

[1]　王重鸣. 心理学研究方法 [M]. 北京：人民教育出版社，2000.

[2]　黄希庭，张志杰. 心理学研究方法 [M]. 2 版. 北京：高等教育出版社，2010.

[3]　辛自强. 心理学研究方法 [M]. 北京：北京师范大学出版社，2012.

[4]　舒华，张亚旭. 心理学研究方法：实验设计和数据分析 [M]. 北京：人民教育出版社，2008.

[5]　叶澜. 教育研究方法论初探 [M]. 上海：上海教育出版社，2014.

[6]　郑全全，赵立，谢天. 社会心理学研究方法 [M]. 2 版. 北京：北京师范大学出版社，2010.

[7]　崔丽霞，郑日昌. 20 年来我国心理学研究方法的回顾与反思 [J]. 心理学报，2001，33(6):7.

[8]　Annabel Ness Evans，Bryan J. Rooney. 心理学研究方法 [M]. 周海燕，译. 北京：中国轻工业出版社，2009.

[9]　戴维·G. 埃尔姆斯，巴利·H. 坎特威茨，亨利·L. 罗. 心理学研究方法 [M]. 马剑虹，译. 北京：中国人民大学出版社，2011.

[10]　肖内西，等. 心理学研究方法 [M]. 7 版. 张明，译. 北京：人民邮电出版社，2010.

[11]　童辉杰. 心理学研究方法导论 [M]. 北京：中国人民大学出版社，2012.

[12]　格雷维特尔. 行为科学研究方法 [M]. 邓铸，等译. 西安：陕西师范大学出版社，2005.

[13]　莫雷，温忠麟，陈彩琦. 心理学研究方法 [M]. 广州：广东高等教育出版社，2007.

[14]　郑金洲，陶保平，孔企平. 学校教育研究方法 [M]. 北京：教育科学出版社，2003.

[15]　叶浩生. 西方心理学研究新进展 [M]. 北京：人民教育出版社，2003.

[16]　霍克. 改变心理学的 40 项研究 [M]. 白学军，译. 北京：人民邮电出版社，2014.